▌青少年科普馆▐

化学发现之旅

HUAXUE FAXIAN ZHI LU

青少年科普馆编委会　编

四川出版集团
四川科学技术出版社

图书在版编目(CIP)数据

化学发现之旅/青少年科普馆编委会编.—成都：
四川科学技术出版社，2013.11
　（青少年科普馆）
　ISBN 978-7-5364-7669-1

　Ⅰ.①化…　Ⅱ.①青…　Ⅲ.①化学—青年读物
②化学—少年读物　Ⅳ.①06-49

中国版本图书馆CIP数据核字(2013)第119610号

化学发现之旅

HUAXUE FAXIAN ZHI LU

出品人： 钱丹凝
编　者： 青少年科普馆编委会
责任编辑： 郑　尧　陈敦和
封面设计： 泽　雨
责任出版： 邓一羽
出版发行： 四川出版集团·四川科学技术出版社
　　　　　　（成都市三洞桥路12号　邮政编码：610031）
印　刷： 四川省南方印务有限公司
成品尺寸： 168mm×238mm
印　张： 10
字　数： 180千
版　次： 2013年11月第1版
印　次： 2013年11月第1次印刷
定　价： 27.00元
书　号： ISBN 978-7-5364-7669-1

地址/成都市三洞桥路12号　电话/（028）87734035

邮政编码/610031 网址：www.sckjs.com

化学是一门以实验为基础的自然科学，这也从某些方面让它充满了趣味性。数目繁多的化学元素、丰富多彩的单质世界、玄妙无比的化学反应等等，它们让化学的天地显得神秘而令人向往。

在人类诞生之初，就对化学充满了好奇。虽然那时候还没有化学的概念，但是对于一些化学现象已经开始了尝试性解读，并在不断探索中努力发现化学世界的精彩。

因为科技的落后，早期人们对于化学世界的探寻与发现，只能处于一种懵懂的状态。然而，随着生产力的不断提高，科技慢慢进步，人们对于化学的认识也逐渐加深。在这一漫长的过程中，总有一些默默的先驱，通过他们的指引，将化学界的未知一一识别，然后公之于众。

化学之美，不仅在于它本身比如化学反应的精彩，而更在于它对生活的改变，就像糖让生活更甜蜜、盐让菜肴更可口一样。正是化学的广泛应用，让生活拥有了更多精彩。

人们对于化学的探索与发现还在继续，无数精彩也正等待发掘。对于未来的精彩，我们充满期待，于是我们有必要重温已经拥有的美好，沿着化学的发现之旅，去拥抱与感悟那些发现的瞬间以及那些难忘的人与事。

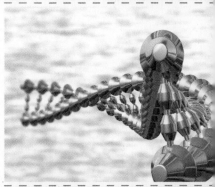

目录 Contents

化学大师 / 7

　　因为科学的存在，一切才显得如此美好。或许是人类发现了科学，但正是这种发现，最终改变了人类。从生命诞生之初的混沌荒芜，到今天的高度文明，科学陪同人类一路走来。在这其中，化学科学就像一剂催化剂，不断地加快着生命迈向繁荣的步伐。

　　化学带来的生活改变，就像一部绚烂的风景卷轴。而那些站在科学幕后的化学大师，就是这些风景的发现者，正是他们的默默付出，才将这些精美引向公众的生活。

单 质 / 31

化学的世界充满了不可思议，除去神奇的化学反应能让你眼花缭乱不提，仅仅是化学世界里的单质就能够让你应接不暇，因为它们都各具特点，"身手不凡"。

化 合 物 / 51

提起纯净，人们似乎会立刻想到"单一"，但是在化学的天地里，有一种纯净却有着丰富的美丽，它就是化合物。

"成员"数量多达数百万之众的化合物，究竟有着怎样的精彩呢？走进化合物的世界，让我们一起去体验吧。

人体化学 / 73

或许很多人一直认为，化学是一门人类发现的、存在于自然界中的一门科学，和人体本身没有什么关联。然而随着化学以及生命科学等知识的积累，人们慢慢发现，原来，就在人的体内，有着广泛的化学分布，而且它们时刻发挥着不可替代的作用。

化学故事 / 99

如果把人类对化学的漫长探索过程看做一次发现之旅，那么无疑这个旅程上不会枯燥乏味。因为有诸多关于化学的故事发生，它们或许惊险，或许幽默，但正是伴随着这些小故事的发生，一个个化学真理被发现！

它们是求知路上的插曲，更是化学发现的见证。

化学应用 / 125

科学的价值在于对生活的改变，从生活中来，到生活中去，往往就是科学的发现与应用过程。化学也不例外，它在生活中的应用更显多面，并且如果把生活比作一例化学反应，那么化学就是这例反应力的催化剂。

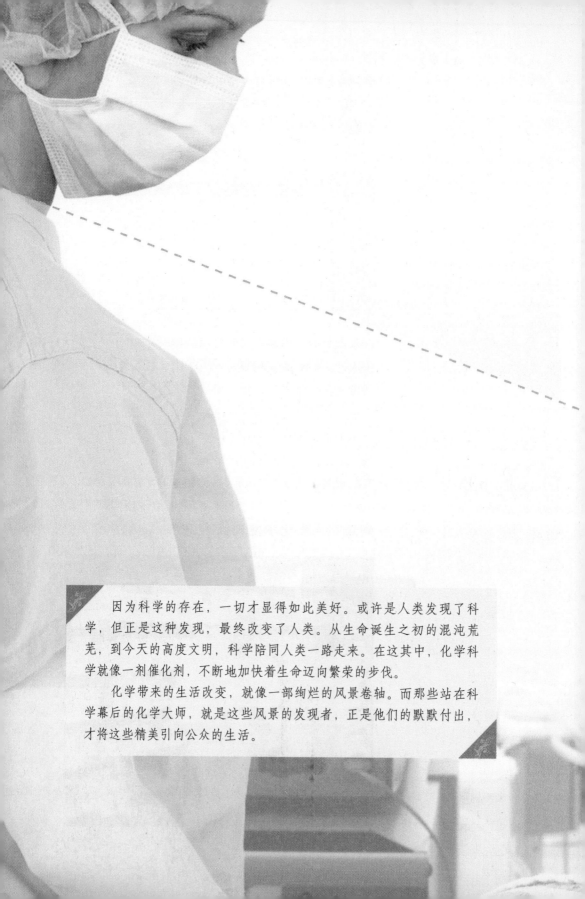

　　因为科学的存在，一切才显得如此美好。或许是人类发现了科学，但正是这种发现，最终改变了人类。从生命诞生之初的混沌荒芜，到今天的高度文明，科学陪同人类一路走来。在这其中，化学科学就像一剂催化剂，不断地加快着生命迈向繁荣的步伐。

　　化学带来的生活改变，就像一部绚烂的风景卷轴。而那些站在科学幕后的化学大师，就是这些风景的发现者，正是他们的默默付出，才将这些精美引向公众的生活。

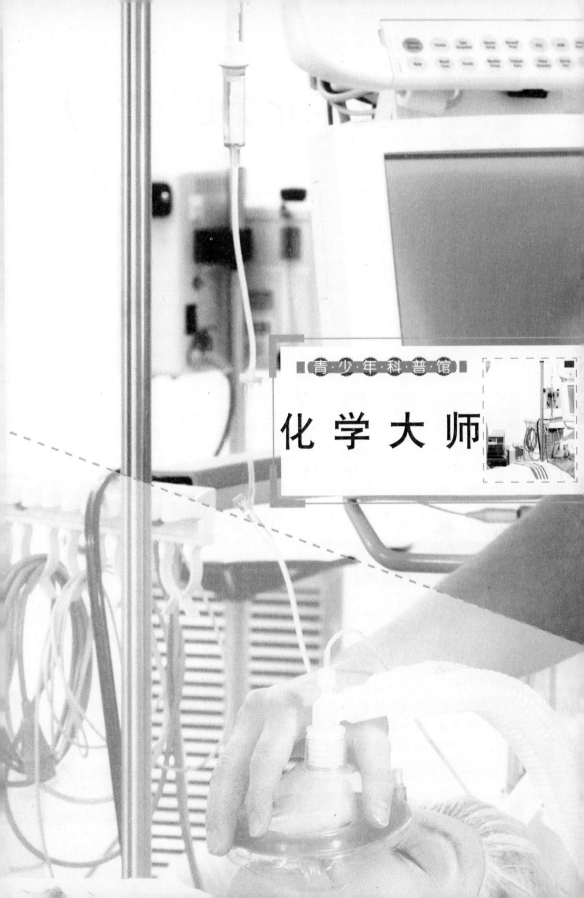

青·少·年·科·普·馆

化学大师

波义耳:化学史上第一人

小/档/案

波义耳作为英国伟大的化学家，被人称为"化学史上第一人"。那么究竟是怎样的成就让他获得这样的殊荣呢？

英国伟大的化学家波义耳，1627年出生在爱尔兰一个非常富有的家庭，富裕的家庭让他能够很好地接受教育，同时也让他长大后很快就拥有了一个设备齐全的实验室。最开始他主要研究气体的性质，并且提出了著名的波义耳定律。

相关链接

亚里士多德（前384—前322年），古希腊哲学家，柏拉图的学生、亚历山大大帝的老师。他的著作包含许多学科，包括了物理学、形而上学、诗歌、生物学、动物学、逻辑学、政治、政府以及伦理学。和柏拉图、苏格拉底一起被誉为西方哲学的奠基者。亚里士多德的著作是西方哲学的第一个广泛系统论，包含道德、美学、逻辑和科学、政治和玄学。

波义耳被誉为化学史上第一伟人，他确立了正确的元素概念。他在《怀疑化学家》中写到"我所理解的元素，像有些化学家清楚说到的那样，是确定的、初始的、简单的、完全未混合的物体。它们不是彼此互相构成的，而是由它们构成一切所谓的混合物体，而这些混合物体归根到底可以分解为其组成部分。"这一概念的提出结束了亚里士多德四元素学说千年之久的统治。

在化学领域，波义耳还是分析化学的奠基人之一，他把"分析"一词引进化学中来，并为定性分析提供了试剂，例如用加石灰生成白色沉淀来鉴定硫酸、用与氨反应生成蓝色溶液来鉴定铜盐等等。另外，他还发现了几种酸碱指示剂。据说有一次他把一束紫罗兰带进实验室，随手插在试验台一个干净的玻璃瓶里，然后就开始操作实验，加热浓硫酸，加热后又往烧杯中倒入了一些浓盐酸，随之冒出许多白雾。这时波义耳不经意间抬起头，发现放在桌上的紫罗兰正在微微冒烟，他连忙将紫罗兰拿到水池中冲洗，不一会儿波义耳发现原本是蓝紫色的紫罗兰竟然全部变成了红色。于是他怀着好奇心采来各种花，在反

颜色变化十分明显：和酸作用变成红色，和碱作用变成蓝色。

后来在大量实验研究之后，波义耳用石蕊浸液把纸浸透，然后晾干，用来在实验中检验物质的酸碱性。这就是我们在实验室经常用到的石蕊指示剂和石蕊试纸。

作为化学史上第一人，波义耳为化学的发明指明了方向。他认为："我应该以哲学家的身份来看化学，我在这里草拟了化学哲学的计划，希望用自己的实验和观察来完成这一计划并使之完善起来。"波义耳提出了发展科学的新道路，为新的化学科学的诞生奠定了基础，使化学成为一门独立的科学，并提出这门科学应有自己独立的研究对象、问题、任务和方法。

★　被誉为化学史上第一人的波义耳。

复的实验中他发现大部分花草受酸或碱作用都能改变颜色，其中从石蕊地衣中提取出来的紫色浸液与酸碱作用

★　酸碱指示剂是检验溶液酸碱性的常用化学试剂。

舍勒：慧眼识"氧"

"发现，或者不发现，氧就在那里，不言不语。"氧作为自然界中的一种元素，始终存在于我们的身边，然而却许久都未被发现，直到舍勒的出现，它才真正被人们所认识。

卡尔·威尔海姆·舍勒，1742年出生在瑞典的斯特拉尔松，是瑞典最著名化学家之一。他的化学成就，最具代表性的就是发现"氧"！同时他对氯化氢、一氧化碳、二氧化碳、二氧化氮等多种气体，都有深入的研究。

因为舍勒家境贫寒，所以只能勉强读完小学，在14岁就被迫到哥德堡的班特利药店当学徒。尽管如此，舍勒对化学的热情却日益升温，他利用一切机会去学习化学知识、开展化学实验。

几年以后，舍勒在马尔摩城的柯杰斯垂姆药店找到了一份工作，药店的老板很欣赏舍勒这个对科学痴迷的年轻人，于是尽可能地支持他开展实验研究。后来还特意给了他一套房子，用来居住和安置藏书及实验仪器。从此，有了稳定生活的舍勒，开始了一边工作一边研究的生活。

在实验过程中，舍勒发现了许多化学的奥秘。据记载，舍勒的实验记录有数百万字，并且在实验中，他发明了许多仪器和方法，甚至还验证过许多炼金术的实验，并就此提出自己的看法。

舍勒工作的柯杰斯垂姆药店与瑞典著名的鲁恩德大学相邻，这为他的学术活动提供了巨大方便。马尔摩城有着浓郁的学术氛围，而且相距丹麦名城哥本哈根很近，这无疑在方便了舍勒学术交流的同时，也使他能够

相关链接

炼金术是中世纪的一种化学哲学的思想和始祖，是化学的雏形。其目标是通过化学方法将一些基本金属转变为黄金，制造万灵药及制备长生不老药。

现在的科学表明这种方法是行不通的。但是直到19世纪之前，炼金术尚未被科学证据所否定。包括牛顿在内的一些著名科学家都曾进行过炼金术尝试。现代化学的出现才使人们对炼金术的可能性产生了怀疑。

★ 曾经盛极一时的炼金术。

及时掌握化学研究进展情况、买到最新的化学著作，这对他自学化学知识起到了巨大的帮助作用。舍勒认为真正的财富并不在于物质与金钱，而是知识和书籍。他特别注意收藏书籍资料，每月的收入，除了支付生活所需，剩下的几乎全部用来买书。舍勒为人勤学好问，潜心于事业，并且非常具有正义感和同情心。因此，舍勒的人品受到学术界的极高评价。

后来舍勒到科平城自己开了一家药店，不久就有了很大名气，这为他带来了十分可观的收入。这种能够把科学研究、商业活动有机地结合在一起的工作让舍勒感到非常满足。尽管不停地有几所大学慕名请舍勒出任教授，但都被他婉言谢绝了，因为他的药房确实是一个理想的研究场所，舍勒不愿意离开。

舍勒将一生精力用于化学研究事业，其中氧的发现是不得不提的一项重大成就！

他发现氧是始于1767年对亚硝酸钾的研究。最初他通过加热硝石得到一种他称之为"硝石的挥发物"的物质，但对这种物质的性质和成分，当时还没能给出解释。舍勒为深入研究这种现象废寝忘食，他曾反复做了加热硝石的实验。在试验中他发现，把硝石加热到红热状态就会放出气体，而这些干热气体遇到烟灰的粉末就会燃烧，放出耀眼的光芒。这种现象引起舍勒的极大兴趣，"我意识到必须对火进行研究，但是我注意到，假如不能把空气弄明白，那么对火的现象则不能形成正确的看法。"舍勒的这种观点已经接近"空气助燃"的观

★ 舍勒通过加热硝石发现了氧，这是化学史乃至人类探索过程中的重要收获，后来人们又通过电解水等发现了氧。

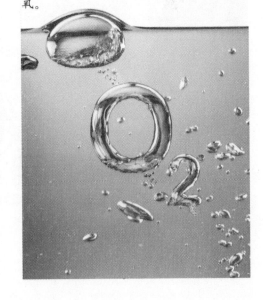

·知识链接·

硝石又称焰硝、钾硝石等。它呈无色、白色或灰色结晶状，有玻璃光泽。可用于配制孔雀绿釉。还可用作五彩、粉彩的颜料。制造火药的原料之一，易溶于水，加热到334℃即分解放出氧。工业上是制造火柴、黑火药、玻璃的原料和食品防腐剂等。

氧的发现，有着十分重要的意义。这不仅因为氧是地球上含量最多、分布最广、对人类生活关系非常密切的元素，而且还在于氧的发现使化学理论发生了一次变革，从而建立了燃烧的氧化学说，对燃烧现象作出科学的解释，结束了统治化学达百年之久的燃素说，进而使化学科学进入了一个新的时期。

★ 氧的发现，对人类有着巨大的意义，随着对氧的认识加深，人们迅速将氧应用于生产生活领域。图为医疗过程中，医生在给病人吸氧。

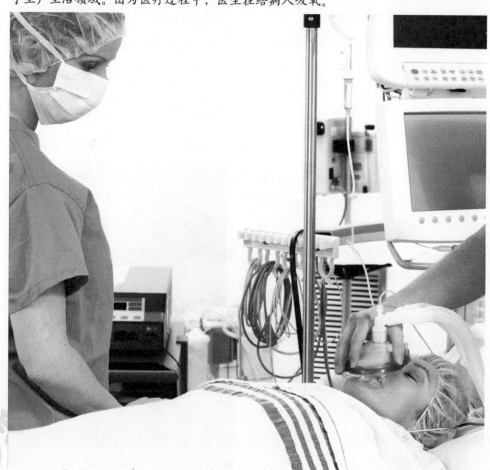

拉瓦锡：双手托出近代化学

小/档/案

法国著名的化学家拉瓦锡，在化学领域取得了诸多成就，比如发现元素氢、提出化合物命名法等。正是凭借他对于化学科学的不懈钻研，才开启了近代化学的新篇章。

拉瓦锡是法国著名的化学家，1743年8月出生在巴黎，1763年获法学学士学位，并取得律师职业证书，但是他并没有继续在法律方向发展，而是转向研究自然科学。21岁时从事地质学研究，最后又对化学科学产生浓厚兴趣。他最早的化学论文是对石膏的研究，发表在1768年《巴黎科学院院报》上。他指出，石膏是硫酸和石灰形成的化合物，加热时会产生水蒸气。

1765年拉瓦锡当选为巴黎科学院候补院士。1768拉瓦锡成功研制出沉浮计，可用来分析矿泉水。1772年，拉瓦锡出任皇家科学院副教授，1778年提升为正教授。1775年任皇家火药局局长，火药局里有一座相当好的实验室，这为拉瓦锡开展大量研究工作提供了巨大的帮助。

在16世纪中叶，瑞士医药化学家巴拉塞尔斯发现了金属跟酸起反应会产生一种可燃的气体。受当时科技水平限制，只是把它当做一种具有可燃性的空气，而并没有很深入的认识。直到1766年，英国科学家卡文迪许才确认这种可燃气体跟空气不同，并测定它的密度为空气密度的1／14.38。他还曾经用6种相似的反应制出这种可燃气体。这些反应包括锌、铁、锡分别跟稀硫酸和盐酸的反应。卡文迪许发现这种可燃气体和空气混合后，燃点会爆炸，其中以3∶7体积比的混合物爆炸最猛烈。后来他进一步指出，这种可燃

★ 年轻时的拉瓦锡。

相关链接

盐酸，学名氢氯酸，是氯化氢的水溶液，是一元酸。盐酸是一种强酸，浓盐酸具有极强的挥发性，因此盛有浓盐酸的容器打开后能在上方看见酸雾，那是氯化氢挥发后与空气中的水蒸气结合产生的盐酸小液滴。盐酸是一种常见的化学品，在一般情况下，浓盐酸中氯化氢的质量分数在38%左右。同时，胃酸的主要成分也是盐酸。

气体在空气里燃烧后生成水。

作为近代化学奠基人之一的拉瓦锡，1783年重新做这个实验，并证明水是这种气体燃烧以后唯一的产物。因此，拉瓦锡认为这种气体是一种元素，并给它命名为"氢"。

拉瓦锡对于化学的贡献还在于：1787年在拉瓦锡和贝托雷合著的《化学命名法》中提出了化合物的命名原则，改善了化学命名中混乱不堪的状况。1783年他把燃烧的氧化理论用于有机化合物分析，发现有机物燃烧都有二氧化碳和水产生。另通过研究还证明，动物呼吸的过程，是吸入氧气，放出二氧化碳。他还创办过《化学年鉴》杂志，刊登了许多重要的文献。拉瓦锡为后人留下《化学概要》这一杰作，这篇论文标志着现代化学的诞生。在这篇论文中，拉瓦锡除了正确地描述燃烧和吸收这两种现象之外，在历史上还第一次开列出化学元素的准确名称。名称的确立建立在物质是由化学元素组成的这个基础之上。而在此之前，这些元素有着不同的称谓。在书中，拉瓦锡将化学方面所有处于混乱状态的发明创造整理得有条有理。

★ 拉瓦锡操作的气体实验。

道尔顿：凭借原子论一举成名

小/档/案

约翰·道尔顿作为英国伟大的科学家之一，在19世纪初把原子假说引入了科学主流。使化学科学进入了一个新的发展阶段，他也凭借原子论而为世人所熟知。

1766年道尔顿出生在英国昆布兰地区的一个村落里。小时候道尔顿家境贫寒，他的父母每天都从早忙到晚，尽管这样，依然无法改变这个贫困之家的境遇。在道尔顿15岁那年，他的妹妹和弟弟因冻饿和疾病相继死去了。道尔顿的父母非常希望道尔顿能够念点书，长大后通过知识改变贫穷的命运，但吃饭都成问题，又哪里有钱交学费呢？没有办法，道尔顿就去学校旁听。

当了旁听生的道尔顿，非常珍惜难得的学习机会，短短的几年时间就学完了几何、化学和航海学。同时他还自学了气象学和矿物学课程，成了学校里的佼佼者。15岁就取得毕业证的他被老师留下来当助手，让他给低年级学生讲课。1781年，道尔顿离开家乡，到朋友学校当了数学老师，学校图书馆内丰富的藏书立即吸引了

他。除了博览群书外，道尔顿还进行气象观测，安装了气压计、雨量计和各种自制的仪器。由于道尔顿知识广博，教学有方，所以深得同事们的称赞和尊敬，不久就成了这所学校的校长。

在日常工作之余，道尔顿还和科技杂志社的编辑进行广泛的学术交流，积极参与各种学术活动。1794年，他发表了《关于各种颜色显现程度的反常事例》，提到了人类色盲的情况。道尔顿还发现，他自己也有这种视力上的缺欠，所以有人把色盲症也叫道尔顿病。在研究气体性质的过程中，道尔顿提出了气体分压定律。

道尔顿把化学的质量守恒定律、

相关链接

气压计是指根据托里拆利的实验原理而制成，用以测量大气压强的仪器。气压计的种类有水银气压计及无液气压计。气压计可预测天气的变化，气压高时天气晴朗，气压降低时，将有风雨天气出现。气压计可测高度。因为每升高12米，水银柱随之降低大约1毫米，所以可以测量山的海拔及飞机在空中飞行时的高度。

★ 气压计。

当量定律、定组成定律、倍比定律和他发现的气体分压定律联系起来思考。他想自然界为什么会有如此神奇的数量关系呢？是原子吗？原子在自然界中存在吗？如果确实存在，那就应根据原子理论来解释物质的一切性质和各种变化规律。在化学上，化学原子理论应当是物质结构的真正理论。道尔顿为解开这个谜，全面地研究了在他之前有关原子的一切材料，经过顽强的努力，最后他得到这样的结论："同一种元素的原子彼此之间是相同的，但不同元素的原子则不同。原子是有重量的，原子不可再分，也无法称量，但我们可以求得它们的相对重量。即把最轻的原子——氢的原子量规定为1，就可以求得其他元素的相对原子量。"

除此以外，道尔顿还公布了世界上第一张原子量表。因为道尔顿的原子论成功地解释了质量守恒定律、当量定律、定组成定律、倍比定律和气体分压定律，全面深刻地说明各种化学现象，所以很快得到了科学界的确认。道尔顿也因此获得了诸多荣誉。曼彻斯特人民为了纪念他，在市政府大厅里竖立了他的半身雕像。人类也将永远记住他的伟大名字。

★ 原子论让道尔顿一举成名，同时也将化学科学引向了一个新的层次。

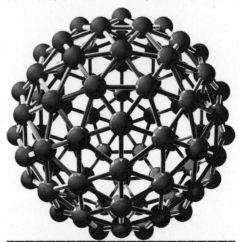

·知识链接·

古希腊原子论认为，原子的数目是无穷的，它们之间没有性质的区别，只有形状、体积和序列的不同。运动是原子固有的属性。原子永远运动于无限的虚空之中，它们互相结合起来，就产生了各种不同的复合物。原子分离，物体便归于消灭。

化学发现之旅

诺贝尔：无私的科学巨人

如果用发明家、化学家、成功商人等词汇来描述一个人，那么无疑这个人是非常成功的，可是即便把这些词一起用来描绘诺贝尔，或许依旧显得苍白无力，因为他一生所取得的成就以及为人类科学所作出的贡献是无法用语言描绘的。

阿尔弗雷德·伯纳德·诺贝尔，1833年10出生在斯德哥尔摩。他是瑞典化学家、工程师、发明家、军工装备制造商和炸药的发明者。他曾拥有自己的军工厂，主要生产军火；还曾拥有一座钢铁厂。在化学元素中，人造元素锘就是根据诺贝尔的名字命名的。

1862年夏天，诺贝尔开始研究硝酸甘油。这是一项充满危险的研究项目，死亡时刻潜伏在他四周。在一次进行炸药实验时，爆炸发生了。实验室顿时被炸得无影无踪，5个助手无一幸免，甚至连他最小的弟弟也死于这次意外。这次爆炸也使得诺贝尔的父亲受到巨大打击，不久就去世了。邻居们出于恐惧，也纷纷向政府控告诺贝尔，此后政府不准诺贝尔在市内进行实验。

但是诺贝尔百折不挠，他把实验室搬到市郊湖中的一艘船上继续实验。经过长期的研究，他终于发现了一种非常容易引起爆炸的物质——雷酸汞，他用雷酸汞做成炸药的引爆物，成功地解决了炸药的引爆问题，这就是雷管的发明。它是诺贝尔科学道路上的一次重大突破。

开发矿山、挖掘河道、修建铁路

★ 人类科学巨人诺贝尔。

安全炸药的研制成功，让诺贝尔备受鼓舞，于是又开始了对旧炸药的改良和新炸药的生产研究。不久之后，一种以火药棉和硝酸甘油混合的新型胶质炸药研制成功。这种新型炸药不仅有高度的爆炸力，而且更加安全，既可以在热辊子间碾压，也可以

★ 炸药在三峡工程中发挥了巨大的作用。

硝酸甘油是一种黄色的油状透明液体，其液体可因震动而爆炸，属化学危险品。同时硝酸甘油也可用做心绞痛的缓解药物。

硝酸甘油少量吸收即可引起剧烈的搏动性头痛，常有恶心、心悸，有时有呕吐和腹痛，面部发热、潮红，较大量产生低血压、抑郁、精神错乱，偶见谵妄、高铁血红蛋白血症和紫绀。饮酒后，症状加剧，并可发生躁狂。

等都需要大量的烈性炸药，所以硝酸甘油炸药的问世受到了普遍的欢迎。诺贝尔在瑞典建成了世界上第一座硝酸甘油工厂，随后又在国外建立了生产炸药的合资公司，但是这种炸药本身有许多不完善之处。因为长期存放就会自动分解，受到强震动也会发生爆炸，所以不可避免地在运输和贮藏的过程中事故频发。面对这种情况，瑞典和其他国家都先后发布了许多禁令，禁止运输诺贝尔发明的炸药，并明确表态要追究诺贝尔的法律责任。困难面前，诺贝尔没有放弃和退缩，在反复研究之后，他发明了以硅藻土为吸收剂的安全炸药，这种被称为黄色炸药的安全炸药，在火烧和锤击下都表现出极大的安全性。于是人们对诺贝尔的炸药逐渐消除了疑虑，诺贝尔再度获得了信誉，炸药工业开始快

在热气下压制成条绳状。这种胶质炸药的发明在科学技术界受到了普遍的重视。诺贝尔面对成功与随之而来的荣誉，并没有满足，当他知道了无烟火药的优越性后，又投入了混合无烟火药的研制，并在不长的时间里研制出了新型的无烟火药。

诺贝尔一生的发明极多，获得的专利多达255种，其中仅炸药就达129种。诺贝尔对化学有着非一般的痴

★　点燃的炸药。

·知识链接·

炸药在军事上可用作炮弹、航空炸弹、导弹、地雷、鱼雷、手榴弹等弹药的爆炸装药，也可用于核弹的引爆装置和军事爆破。在工业上广泛应用于采矿、筑路、兴修水利、工程爆破、金属加工等，还广泛应用于地震探查等科学技术领域。

迷，甚至在他弥留之际，仍念念不忘对新型炸药的研究。

如今，即便伟大的诺贝尔已经去世若干年，可是诺贝尔精神与诺贝尔奖一直在激励着人们不断攀登科学高峰，用科学创造人类文明。

门捷列夫："元素周期律"之父

门捷列夫，出生在一个有17个子女的中学校长家庭，他排行14。就在他出生几个月后，父亲突然双目失明，随之而来的是失去了校长的职务。微薄的退休金难以维持这个庞大家庭的生活，于是全家搬迁到一个消费较低的村子里。因为门捷列夫的舅舅在那里经营一个小型玻璃厂，工人们熔炼和加工玻璃的场景，顿时吸引了年幼的门捷列夫，这也对他长大后始终对着那些玻璃器皿操作化学实验产生了深深的影响。

1841年，不满7周岁的门捷列夫和十几岁的哥哥同时考进市中学，这在当地轰动一时。然而门捷列夫是不幸的，13岁时父亲病故，14岁时舅舅的工厂在一场火灾中化为灰烬，为了生计，母亲不得不再次搬家。1849年，门捷列夫中学毕业，母亲变卖家产，一心想让他上大学。在父亲一位生前好友的帮助下，门捷列夫顺利进入彼得堡师范学院物理系学习，并且成绩始终名列前茅。学习的闲暇，门捷列夫还通过撰写科学简评获取少量稿费，在这期间他已经没有了任何经济支援：舅舅和母亲相继去世。

1854年，门捷列夫大学毕业并

★ 伟大的化学家门捷列夫。

相关链接

无机化学是研究无机物质的组成、性质、结构和反应的科学，它是化学中最古老的分支学科。无机物质包括所有化学元素，碳化合物以外的化合物，5种和其他几种的简单的碳化合物。

荣获学院的金质奖章，23岁成为副教授，31岁成为教授。

1860年门捷列夫在为《化学原理》一书考虑写作计划时，深为无机化学的缺乏系统性所困扰。于是，他开始留心搜集每一个已知元素的性质资料和有关数据，把前人在实践中所积累的成果，都尽可能地搜集整理到一起。人类关于元素问题的长期实践和认识活动，为他提供了大量丰富的材料。他在前人研究基础上，发现一些元素除了有特性之外还有共性。比如当时已知卤素元素的氟、氯、溴、碘等，都具有相似的性质；碱金属元素锂、钠、钾暴露在空气中时，都会很快就被氧化，所以都是只能以化合物形式存在于自然界中；有的金属例如铜、金、银等都能长久保持在空气中而不被腐蚀，正因为如此它们被称为贵金属。

在反复研究之后，门捷列夫开始试着将这些元素做有序排列。他把每个元素都建立了一张长方形纸板卡片。在每一块纸板上标记了元素符号、原子量、元素性质及其化合物。然后把它们钉在实验室的墙上反复排列。经过了一系列的排队以后，他终于发现了元素化学性质的规律性。

在当时，门捷列夫的工作并没有

·知识链接·

元素又称化学元素，指自然界中一百多种基本的金属和非金属物质，它们只由几种有共同特点的原子组成，其原子中的每一核子具有同样数量的质子，质子数量决定元素是何种类。

引起人们足够的重视，甚至有人认为他对元素周期律的发现很简单，几乎就是用玩扑克牌的方法得到这一发现的。对此，门捷列夫认真地回答说，从他立志研究这项工作开始，前后花了近20年的时间才终于在1869年发表了元素周期律。这是一项普通人所无法想象的工程。

★ 元素是化学世界的重要构成。

门捷列夫把化学元素从杂乱无章的状态分门别类地理出了一个头绪。此外，因为他具有很大的勇气和信心，不怕指责、不畏嘲讽、敢于坚持研究、敢于宣传自己的观点，最后终于得到了科学界广泛的认可。为了纪念他的成就，人们将美国化学家希伯格1955年发现的第101号新元素命名为"钔"。

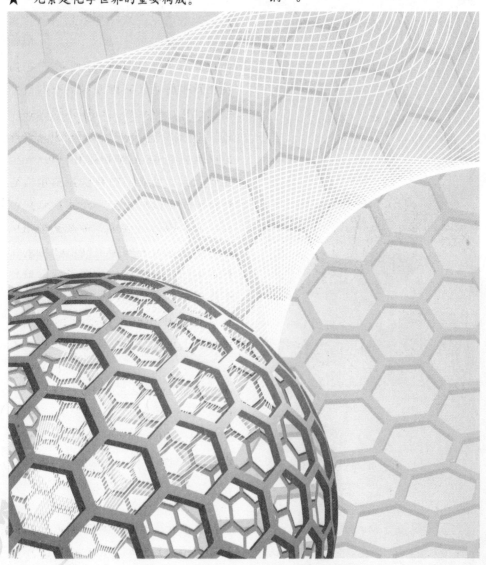

玛丽·居里：不让须眉的"镭的母亲"

小/档/案

化学研究因为经常会接触各种具有危险性的元素、试剂等，所以想来是男人为主的领域，然而却也不乏女性的身影。玛丽·居里就是为世人景仰的女科学家。两获诺贝尔奖的她，因发现放射性元素镭而被称为"镭的母亲"。

玛丽·居里，被人们亲切地叫作"居里夫人"。她1867年出生在波兰，因当时波兰被占领，转入法国国籍，是法国著名的物理学家、化学家，世界著名科学家，研究放射性现象，发现镭和钋两种天然放射性元素，被人誉为"镭的母亲"，一生中

相关链接

放射性是指元素从不稳定的原子核自发地放出射线，而衰变形成稳定的元素而停止放射，这种现象称为放射性。衰变时放出的能量称为衰变能量。原子序数在83或以上的元素都具有放射性，但某些原子序数小于83的元素也具有放射性。

曾先后两次获得诺贝尔奖。

居里夫人和她的丈夫法国物理学家皮埃尔·居里，于1898年在沥青铀矿中发现两种新的放射性元素——钋和镭。他们经过4年精心研究和艰苦努力，终于从7吨矿石中提取了1克的镭。钋和镭的放射性都比铀强得多，而镭是放射性最强的元素，它比铀的放射性要强几百万倍。镭射线具有极大的能量，它能使很多化合物比如水、氯化氢等分解，并能破坏器官组织和杀灭细菌等。

经过反复研究，她发现镭所释放出的射线并不止一种。如果把镭的化合物放入上边有小孔的铅盒内，那么就会从小孔中放出一束狭窄的射线。这束射线在外界电场或磁场的影响下会分为3种射线。其中向负极偏折的叫作 α 射线，向正极偏折的叫作 β 射线，不受偏折的叫做 γ 射线。α 射线是带有正电荷的粒子流，其速度大约为20 000千米／秒，并具有穿透物质的能力。经测定，每个 α 粒子带有两个单位正电荷，质量等于4，它实际上就是带有两个单位正电荷的氦原子。

α 射线和阴极射线相似，也是

带有一个单位负电荷的粒子——电子流。不过β粒子的速度几乎等于光速，而阴射线的速度才有光速的一半。β射线对物质的穿透力约比α射线大100倍。

γ射线和上面两种射线不同，它不是由微粒构成的，而是非常像普通光线，是一种电磁波，不过波长特别短，比可见光的波长约小几十万倍。γ射线对物质的穿透力比β射线更强，能穿透厚达30厘米的铁板。

从多次实验证明，镭同时还析出一种新的放射性元素，起初称为镭射气，后来得知它是一种稀有气体，于是定名为氡。

★ 居里夫人和丈夫在实验室中。

普利斯特里：似乎是为气体而来

小/档/案

英国大化学家普利斯特里精通多种语言，并且对宗教、数学等领域都有研究，然而他在化学领域，特别是对于气体的研究所取得的成就却是无比巨大的。他也因此被称为"气体化学之父"。

英国大化学家普利斯特里在化学领域，特别是气体领域的研究，是无人能及的。

普利斯特里1733年出生在英国利兹，从小家境困难，由亲戚抚养成人。1751年进入神学院。毕业后大部分时间是做牧师，化学是他的业余爱好。他在化学、电学、自然哲学、神学等方面都有很多著作。他写了许多自以为得意的神学著作，然而使他名垂千古的却是他的科学著作。1764年他31岁时写成《电学史》。当时这是一部很有名的书，由于这部书的出版，1766年他当选为英国皇家学会会员。

★ 普利斯特里在科学界所取得的成就非产广泛，除了化学，还有自然哲学、神学以及电学等。

燃素学说是三百年前的化学家们对燃烧的解释，他们认为火是由无数细小而活泼的微粒构成的物质实体。这种火的微粒既能同其他元素结合而形成化合物，也能以游离方式存在。大量游离的火微粒聚集在一起就形成明显的火焰，它弥散于大气之中便给人以热的感觉，由这种火微粒构成的火的元素就是"燃素"。

1722年他39岁时，又写成了一部《光学史》。也是18世纪后期的一本名著。当时，他在利兹一方面担任牧师，一方面开始从事化学的研究工作。他对气体的研究是颇有成效的。他利用制得的氢气研究该气体对各种金属氧化物的作用。同年，普利斯特里还将木炭置于密闭的容器中燃烧，发现能使1/5的空气变成碳酸气，用石灰水吸收后，剩下的气体不助燃也不助呼吸。由于他虔信燃素说，因此把这种剩下来的气体叫"被燃素饱和了的空气"。显然他用木炭燃烧和碱液吸收的方法除去空气中的氧和碳酸气，制得了氮气。此外，他发现了氧化氮，并用于对空气的分析上。还发现或研究了氯化氢、氨气、亚硫酸气体、氧化二氮、氧气等多种气体。1766年，他的《几种气体的实验和观察》三卷本书出版。该书详细叙述各种气体的制备或性质。由于他对气体研究的卓著成就，所以他被称为"气体化学之父"。

在气体的研究中最为重要的是氧的发现。1774年，普利斯特里把汞烟灰（氧化汞）放在玻璃皿中用聚光镜加热，发现它很快就分解出气体来。他原以为放出的是空气，于是利用集气法收集产生的气体，并进行研究，发现该气体使蜡烛燃烧更旺，呼吸它感到十分轻松舒畅。他制得了氧气，还用实验证明了氧气有助燃和助呼吸的性质。因为他是个顽固的燃素说信徒，仍认为空气是单一的气体，所以他还把这种气体叫"脱燃素空气"，其性质与前面发现的"被燃素饱和的空气"（氮气）差别只在于燃素的含量不同，因而助燃能力不同。同年他到欧洲参观旅行，在巴黎与拉瓦锡交换好多化学方面的看法，并把用聚光镜使汞银灰分解的试验告诉拉瓦锡，使拉瓦锡受益匪浅。拉瓦锡正是重复了普利斯特里有关氧的试验，并与大量精确的实验材料联系起来，进行科学的分析判断，揭示了燃烧和空气的真实联系。

1794年他61岁时移居美国并继续从事科学研究，直到1804年病故。英、美两国人民都十分尊敬他，在英国有他的全身塑像。在美国，他住过的房子已建成纪念馆，以他的名字命名的普利斯特里奖章已成为美国化学界的最高荣誉。

专题讲述
学识与修养兼备的"富二代"卡文迪许

当从祖上继承了大笔遗产时，卡文迪许成了名副其实的"富二代"。或许很多人此时会借此享乐一生，然而卡文迪许却依旧埋头于他所执著的科学事业，成为真正的人类榜样。

早在18世纪，英国就已经有一些化学家，如普利斯特里等人，都是出身于中产阶级的学者。在他们当中，更有一位百万富翁，他将毕生心血用于化学和物理学的研究，从而发现了很多前人不知道的事物。他的名字是亨利·卡文迪许。对于卡文迪许，曾经有科学史家这样评价道："他是有学问的人当中最富的，也是富人当中最有学问的。"

从祖上继承了大笔财富的卡文迪许注定不是一个穷人，但是拥有巨额财富的卡文迪许却始终生活简朴——尽管他在银行里有巨额存款，另外还有房产和地产。

卡文迪许出生于1731年10月，当时，他的母亲正在法国休养，所以他的出生地并不是英国。牛顿去世后第四年出生的他最敬仰牛顿的学识，他几乎认真地读完了牛顿的所有著作。

18世纪，社会上还没有专门的实验室。于是卡文迪许在自己家里建起了一座规模相当大的实验室，并一直在自己家里埋头于实验研究。卡文迪许终身未婚，始终过着独身的生活，这除了他把全部心血用于科学研究以

★ 对卡文迪许一生有着巨大影响的伟大科学家牛顿。

外，或许还与他的性格有关。曾有人描绘说："没有一个活到八十岁的人，一生讲的话像卡文迪许那样少的了"。在《化学史》一书里，曾举出他最怕交际的一件事例。有一天，一位英国科学家与一位奥地利科学家到班克斯爵士家里做客。正巧当时卡文迪许也在。班克斯爵士曾向这位奥地利科学家盛赞过卡文迪许，于是这位初次见面的科学家便对卡文迪许说了如何景仰的话，并说这次来伦敦的最大收获，就是能够意外有幸拜访这位著名科学家。卡文迪许听到这些话，开始大感羞涩，后来甚至完全手足无措，于是干脆冲出室外，坐上他自己的马车径自"逃"回家了。从这段记载，可以看出卡文迪许为人性格的孤僻与不善交际。

1760年，卡文迪许被选为皇家学会会员。在度过了近80年的孤独生活之后，1810年2月，这位科学巨人与世长辞。当他感觉到自己病很重快要死时，就对照料他的仆人说："你们暂时离开我吧，过一个钟点再回来。"等到仆人再回来时，发现他已经停止了呼吸。他留下的遗产是很大的一笔数字，据当时估计在一千万英镑之上。他的侄子乔治·卡文迪许继承了他的遗产和爵位。

卡文迪许一生的研究工作是很广

★ 马车是英国的一种象征，不仅当初卡文迪许乘坐私家马车，就是时至今日，马车依然是英国街头的一道独特风景。

泛的。他的第一篇论文，详细叙述了"可燃空气"的特性。这就是现在所指的氢气。本来氢气在卡文迪许之前已经有一些人感觉到了，但是过去的人都没有能把氢气收集起来，第一次把"可燃空气"收集起来的是卡文迪许，并且做了仔细的研究。接下来他在1783年又研究了空气的组成成分，做了很多试验，发表论文的题目是《空气实验》。也就在这个时候，他发现了水是氢和氧两种元素组成的。如果把氢元素和氧元素放在一个玻璃球里，通上电后生成了水。他就这样证明了水是氢和氧的化合物。从现在看来，这是一项很简单的实验，可是在1784年之前，人们都把水看成是元素。

在1785年，卡文迪许就曾预言大气中有一种不知名的气体存在。他把电火花通过氧与寻常空气的混合体，结果发现一部分"浊气"（即氮）未能氧化而被吸收。当时他认为，这个残余部分"当然不超过管中'浊气'全量的1/120；因此在大气中倘有一部分'浊气'和其余部分相异，不能还原成亚硝酸，那么，我们可以稳妥地得出结论，就是它的体积绝不会超过全量的1/120"。这个重要的试验，化学家早已淡忘了。一直到1894年，拉姆塞和雷利发现氩等零族元素之后，卡文迪许一百年前的实验才得到证实。

★　卡文迪许的研究，让人们对于水的构成有了科学的认识。

化学的世界充满了不可思议，除去神奇的化学反应能让你眼花缭乱不提，仅仅是化学世界里的单质就能够让你应接不暇，因为它们都各具特点，"身手不凡"。

青·少·年·科·普·馆

单 质

铬：天生"硬骨头"

小/档/案

人们经常将坚强不屈的人形容为"硬骨头"，但是在化学界也存在着这样一种物质，它就是铬。铬以其天生质硬，名副其实地成为化学界的硬骨头！

★ 铬的利用，不仅增加了金属的美感，同时也让其更加坚固耐用。

铬是一种银白色金属，质地极硬，耐腐蚀。熔点为1 857℃±20℃，沸点是2 672℃。电离能为6.766电子伏特。金属铬在酸中一般以表面钝化为其特征。一旦去钝化后，就会非常容易被几乎所有的酸溶解。在高温下被水蒸气所氧化，在1 000℃下被一氧化碳所氧化。在高温下，铬与氮起反应并被碱侵蚀。它能够溶于强碱溶液。铬具有很高的耐腐蚀性，在空气中，即便是在赤热的状态下，氧化也很慢，不溶于水。镀在金属上可起保护作用。

铬是银白色的金属，向来有金属"硬骨头"的称号，堪称世界上最硬的金属。

铬的化学性质非常稳定，在常温下，放在空气中或浸在水中，不会生锈。手表的外壳、自行车车把和照相机架子等，常是银光闪闪的，人们说它是镀了"克罗米"，其实"克罗米"就是铬的拉丁文名称。

工业上使用的铬矿石为铬铁矿，属尖晶石和磁铁矿类。由于二价元素和三价元素相互置换，可以出现各

相关链接

氧化分狭义概念和广义概念两种。狭义氧化是指氧元素与其他的物质元素发生的化学反应，称其为氧化，它是一种重要的化工单元过程；广义的氧化是指物质失电子的过程。

·知识链接·

磁铁矿为氧化物类矿物磁铁矿的矿石，属等轴晶系。晶体呈八面体、十二面体。晶面有条纹。铁黑色，或具暗蓝靛色，断口不平坦。具有强磁性。常产于岩浆岩、变质岩中，海滨沙中也常存在。磁铁矿在我国主要分布在山东、河北、河南、辽宁、黑龙江、内蒙古、湖北、云南、广东、四川、山西、江苏、安徽等省份。

种不同成分的矿石。除主成分FeO及Cr_2O_3外，一般含有不同成分的MgO、Al_2O_3及其他杂质。矿石结构组成对使用有明显影响，如铬尖晶石比铬铁矿难于还原；含蛇纹石的铬矿石，若其中挥发物大于2%，用它制造的铬质耐火砖在加热到1 000℃时，会因释放结晶水而炸裂。

铬的质地坚硬不仅是自己独有的，在工业生产中，往往也能够通过铬的参与，让其他不够坚硬的物质增加硬度。比如在钢中加入1%～2%的铬，就能大大增加钢的硬度和坚固性，可用来制造工具、零件以及枪炮筒、装甲板等。在钢中加入12%左右的铬，就能够炼出不锈钢。不锈钢具有很好的韧性和耐腐蚀性。在化工厂里，人们常用不锈钢制造各种管道、反应设备。一些医疗器械，比如手术

刀、注射器的针头、剪刀等，几乎都是用不锈钢制成。手表的表壳一般也是用不锈钢做的。不锈钢差不多占每只手表总重量的60%以上。所谓"全钢手表"，便是指它的表壳与表后盖全都是用不锈钢做的，而"半钢手表"，则是指它的表后盖是用不锈钢做的，表壳是用黄铜和其他金属做的。不锈钢还可用于制造轮船的船身、汽艇和潜水艇的艇身等。

我国考古工作者在秦陵出土的宝剑，虽然经历无数岁月洗礼，至今仍然锋利无比，其原因就是当时铸剑师在剑锋上面覆盖了一层铬。由此可见，对于铬的认识与应用早就已经很普遍了。

★ 铬合金在现代生产生活中正被广泛应用。

氙：科学应用中的多面手

小/档/案

"物尽其用"是每一种物质存在对于人类的价值体现，化学物质中从来不缺乏一物多用，比如氙气就是一个很好的例子。在生活中很多场合都有它们的存在，并且发挥着它们的积极作用，这就是它们价值的闪光。

1898年，英国化学家莱姆塞和特拉威斯，在分馏液态氪时发现了氙。它是一种无色、无嗅、无味的惰性气体，密度为5.887克/升±0.009克/升（气），3.52克/厘米³（液），2.7克/厘米³（固），熔点为−111.9℃，沸点−107.1±3℃。氙是非放射性惰性气体中唯一能形成在室温下稳定的化合物的元素，能吸收X射线。在较高温度或光照射下能够与氟形成一系列氟化物。

不要以为氙只是默默存在于自然界中的一种化学物质，其实它在人类科学应用中可是一个实打实的多面手。

氙能够和水、氢醌以及苯酚一类物质形成弱键化合物，由于它具有极高的发光强度，在照明技术上用来充填光电管、闪光灯合氙气高压灯。氙气高压灯具有高度的紫外光辐射，可用于医疗技术方面。氙还能用于闪光灯、深度麻醉剂、激光器、焊接、难熔金属切割、标准气、特种混合气等。

1965年春节期间，在上海南京路第一百货商店大楼楼顶出现了一盏不同寻常的灯，它的功率高达20 000瓦。每当夜幕降临，它便大放光彩，将整条南京路照得亮如白昼。但是很难想象的是这盏灯并不大，灯管只是普通日光灯灯管的2倍。于是人们根据它所散发出的巨大光亮，形象地比喻它为"人造小太阳"。

"人造小太阳"，就是高压长弧氙灯的通俗的说法。其实它发出强光的秘密就在于灯管内的氙气。氙气的密度是空气的3倍多，但它在空气中的

相关链接

焊接：焊接是被焊工件的同种或异种材质，通过加热或加压或两者并用，并且用或不用填充材料，使工件的材质达到原子间的键和而形成永久性连接的工艺过程。

含量却少得可怜，只占空气总体积的一亿分之八，所以人们难以见到它，怪不得当初发现它时就用拉丁文给它起了个名字叫"生疏"，翻译成中文就是"氙"。

氙在电场的激发下，能放射出类似于太阳光的白光，"人造小太阳"就是利用它的这个特异功能制成的。这种灯的灯管是用耐高温、耐高压的石英管做成的，两头焊死，各装入一个钨电极，管内充入高压氙气，充电后氙气就会发射出强光。

一盏60 000瓦的氙灯的亮度，相当于900只100瓦的普通灯泡！氙气灯的用途非常广泛，例如电影摄影、舞台照明、放映、广场和运动场的照明等都是它大显身手的场所。

另外不得不提的是，氙还具有一定的麻醉作用——它能溶于细胞汁的油脂中，引起细胞的膨胀和麻醉，进

★ 随着人们对氙的认识加深，其应用领域也越来越广。

而使神经末梢的作用临时停止。人们曾尝试使用4/5的氙气和1/5的氧气组成混合气体来作为麻醉剂，并且取得了很好的效果。只是由于氙气在空气中的含量实在少得可怜，所以目前还无法广泛应用。

氙作为惰性气体家族中的一员，跟家族中其他成员一样，它的"性格"也很不活泼，一向被人们认为是"懒惰"的元素，是"永远不与任何东西化合"的元素。但是，随着科技水平的不断提高，人们逐渐降服了它，帮它改正了"懒惰"的习性。1962年，加拿大一位化学家率先研制成功了黄色的六氟化氙的固体化合物。随后人们又陆续制出了氙的化合物。到了现在，氙已经摘掉了"懒惰"的帽子，开始勤快地为人类服务了。

★ 氙气车灯已经成为现代汽车的关键构成。

锎：名副其实的"贵族"

小/档/案

金，向来都是富贵的符号，在生活中它可以说是最常见的高价金属，人们的意识里，似乎金也是唯一的最贵金属。然而当金同锎比身价，相信结果会让所有人大跌眼镜！因为锎才是真正的"贵族"！

对于最高价的金属归属问题，相信人们会毫不犹豫地想到白金与黄金。当然它们固然价值不菲，但在金属界，钌、铑等的价格却都比白金、黄金昂贵，这还不算，要在它们当中选出真正的"贵族"，那么一定非"锎"莫属了。

锎的化学符号为Cf，与白金等其他金属不同，不存在于自然界。锎是通过人工方法获得的一种放射性元素。最早是在1950年于加利福尼亚大学伯克利分校通过人工方法制造出来。它的拼音名称也因此用加利福尼亚州命名。

锎稳定的原子质量数是251，在化学元素周期表上位列第98位。因为它的位置排在92号元素铀的后面，所以它是"超铀元素"之一。

锎的熔点为900℃，异常容易挥发，在1 100～1 200℃范围中能蒸馏出来。化学性质活泼，与其他+3价锎系元素相似。有水溶性的硝酸盐、氯化物和过氯酸盐；它的氟化物、氢氧化物在水溶液中沉淀。利用耙子同位素和轰击粒子的种种组合，如今已经

★ 长期以来，人们的意识里通常都认为金银是最贵的金属，也是财富的象征。

蒸馏是一种热力学的分离工艺，它利用混合液体或液−固体系中各组分沸点不同，使低沸点组分蒸发，再冷凝以分离整个组分的单元操作过程，是蒸发和冷凝两种单元操作的联合。与其他的分离手段相比，它的优点在于不需使用系统组分以外的其他溶剂，从而保证不会引入新的杂质。

发现了11种锎的同位素，而以其中的锎249、锎251、锎252、锎254这4种同位素最引人注意。以锎252为例，在它原子核裂变过程中，会自动地放出中子，所以它成为很强的中子源。每1微克的锎252每秒钟能自动释放出17 000万个中子，同时伴随着放出大量的热。

由于锎252是一个很强的中子源，所以它的应用领域也非常广。物理学上可以用于一种很灵敏而快速的物理分析法——中子活化分析，在短短的几分钟内就可以分析出一百万分之一到一亿分之一克的痕量元素(极其微量、只有痕迹的元素)。在医学领域，可以帮助了解一些痕量元素在人体和生物体中的代谢作用。用中子照相，对软组织部分，比X光照相辨别更为明晰。应用中子治疗癌症，疗效比X射线和γ射线更理想。在考古发掘中，用中子活化分析，可以判断文物的年代。和其他特征，而且被照射过的文物完整无损。在石油工业中，利用中子测井方法，可以测出油层和水层的界面。在农业上利用锎252的电子源可以测量土壤湿度、地下水的分布等情况。此外，利用这种中子源的辐射，可以消灭污染和控制污染。

★ 应用领域广泛，但是产量极低，这让锎成为当之无愧的金属"贵族"。

中子照相：利用中子束穿透物体时的衰减情况，显示某些物体的内部结构的技术。按所用的中子的能量中子照相可分为：冷中子照相、热中子照相和快中子照相。

虽然铆的应用广泛，但是由于铆的生产过程复杂，成本昂贵，以致产量极少，在应用上还有很大的局限性。目前世界上铆的年产量只有几克，其价格0.1微克为100美元，如果用"克"作单位来计算，那么1克铆的价格为10亿美元。相信这样的价格，足以在金属界"称王称霸"了。

黄磷：生性最容易"发火"

如果将化学界诸多单质的特性用人类性格的方式描述出来，那么黄磷无疑就是最容易"发火"的一个。民间传说的"鬼火"就是黄磷"自导自演"的一幕。

自然界里的物质，如果由同种元素组成的，就称单质。根据单质的不同性质，一般可分为金属和非金属两大类。人们熟悉的氢气、氧气、碳、碘等都是非金属，非金属元素没有金属光泽，一般不能导电、传热。在常温下，也不能与空气中的氧气发生反应。当然也有个别例外。这个别的非金属元素就是磷。

纯磷常见的有两种，一种是黄磷(白磷)，另一种是赤磷(红磷)。虽然它们都是由磷构成的，但所谓"一母生九子，九子各不同"，黄磷与赤磷具有不同的个性。打个比喻，赤磷的性格相对稳重，而黄磷则生性活泼，最容易发火。在常温下，黄磷能在空气中自动燃烧起来，而赤磷却不能。

曾经人们经常在空旷的野外发现"鬼火"，其实所谓的"鬼火"就是

黄磷自燃现象。黄磷自动燃烧的原因并不神秘，因为放在空气中的黄磷，能够自动缓慢地与空气中的氧气发生反应，这个反应是放热的，当放出的热量多于散失的热量时，热量便逐渐积累起来，于是黄磷的温度便慢慢地升高，温度升高又加速了反应的进行，当温度到达约40℃时，黄磷就会自动燃烧起来。相同的情况下，要想

★ 裸露在地表的磷矿。

·知识链接·

磷的发现：化学史上第一个发现磷元素的人是德国汉堡商人波兰特。相信炼金术的他听传说从尿里可以制得黄金，于是抱着发财的目的用尿做了大量实验。1669年，他在一次实验中，将沙、木炭、石灰等和尿混合，加热蒸馏，虽没有得到黄金，却意外地得到一种十分美丽的物质，它色白质软，能在黑暗的地方放出闪烁的亮光，于是波兰特给它取了个名字，叫"冷光"，这就是现在称为白磷的物质。

使赤磷燃烧，温度则要达到240℃。

由于黄磷在室温下能跟空气中的氧气起作用，并且着火的温度相当低，所以黄磷就成为在常温下易于自燃的非金属了。

鉴于黄磷的这种"沾火就着"的天性，在存储上，黄磷必须保存在水里，与空气隔绝开来。在使用黄磷时，如果需要把它切成小块，那么一定要在水面以下进行，否则，由于切割时摩擦生热，也能使黄磷燃烧起来。

由此，黄磷的容易"发火"的性格可见一斑。

★ 过去民间经常把磷在野外的自燃现象称之为"鬼火"。

汞：常温下唯一的液态金属

小/档/案

金属在人们的印象里似乎都是固体的、硬邦邦的存在，然而却有那么一种金属在常温下显得另类，它就是汞。汞是常温下唯一的液态金属。

汞，化学符号为Hg，是一种有毒的银白色重金属元素。因为它是常温下唯一的液体金属，所以也被叫作水银。汞以游离的形态存在于辰砂、甘汞及其他几种矿中。

★ 常温下的汞滴。

相关链接

硝酸是一种有强氧化性、强腐蚀性的无机酸，酸酐为五氧化二氮。硝酸的酸性较硫酸和盐酸小，易溶于水，在水中完全电离，常温下其稀溶液无色透明，浓溶液显棕色。硝酸不稳定，易见光分解，应在棕色瓶中于阴暗处避光保存，严禁与还原剂接触。硝酸在工业上主要以氨氧化法生产，用以制造化肥、炸药、硝酸盐等，在有机化学中，浓硝酸与浓硫酸的混合液是重要的硝化试剂。

虽然是金属，但是汞却是个十足的另类，因为它是在正常大气压力与常温下唯一以液态存在的金属。汞的熔点为$-38.87℃$，沸点为$-356.6℃$，相对密度为13.546 2。

汞的内聚力很强，在空气中稳定。蒸气有剧毒。溶于硝酸和热浓硫酸，但与稀硫酸、盐酸、碱都不起作用。能溶解许多金属，具有强烈的亲硫性和亲铜性，也就是说在常态下，很容易与硫以及铜的单质化合并生成稳定化合物。在实验室里通常会用硫单质去处理撒漏的水银。

水银温度计是膨胀式温度计的一种，水银的冰点为$-39℃$，沸点是$356.6℃$，用来测量0到$150℃$或$500℃$以内范围的温度，它只能作为就地监督的仪表。用它来测量温度，不仅比较简单直观，而且还可以避免外部远传温度计的误差。

汞容易和大部分普通金属形成合金，包括金和银，但不包括铁。这些合金统称汞合金(或汞齐)。汞具有恒定的体积膨胀系数，其金属活跃性低于锌和镉，且不能从酸溶液中置换出氢。

汞的用途较广，在总的用量中，金属汞占30%，化合物状态的汞约占70%。冶金工业常用汞齐法（汞能溶解其他金属形成汞齐）提取金、银和铊等金属。化学工业用汞作阴极以电解食盐溶液制取烧碱和氯气。汞的一些化合物在医药上有消毒、利尿和镇痛作用，同时汞银合金是良好的牙科材料。在传统中医学上，汞被用作治疗恶疮、疥癣药物的原料。汞可用作精密铸造的铸模和原子反应堆的冷却剂以及镉基轴承合金的组元等。由于其密度非常大，物理学家托里拆利利用汞第一个测出了大气压的准确数值。

汞在自然界中只有少量分布，所以被认为是稀有金属，但是人们很早就发现了水银。天然的硫化汞又称为朱砂，由于具有鲜红的色泽，因而很早就被人们用作红色颜料。根据殷墟出土的甲骨文上涂有的丹砂，可以证明中国在很早以前就使用了天然的硫化汞。

★ 温度计是人们最常见的对于汞的应用。

银：金属界的导热强者

提起银，相信没有人会觉得陌生。现在社会银饰已经成为再寻常不过的饰品，然而对于银的导热性，可能就没有太多人注意了。其实在金属界，银是当之无愧的导热强者。

在古代，人类就对银有了认识。银和黄金一样，是一种应用历史悠久的贵金属，至今已有4000多年的历史。由于银独有的优良特性，人们曾赋予它货币和装饰双重价值，英镑和我国新中国成立前用的银元，就是以银为主的银、铜合金。

相关链接

银元起源于15世纪，始铸于欧洲，俗称"洋钱""花边钱"或"大洋"，是银铸币的通称，同时也是世界上银本位制国家的主要流通货币，大约在16世纪，银元流入我国。1890年官方开始正式铸造银元，民国时期建立银本位货币制度以后，也以银元作为主要流通币。银元是近代钱币收藏的重要币种之一。

银呈现白色，光泽柔和明亮，是少数民族、佛教和伊斯兰教徒们喜爱的装饰品。银首饰亦是全国各族人民赠送给初生婴儿的首选礼物。近期，欧美人士在复古思潮影响下，佩戴着易氧化变黑的白银镶浅蓝色绿松石首饰，给人带来对古代文明无限美好的遐思。而在国内，纯银首饰亦逐渐成为现代时尚女性的至爱选择。银是古代就已经知道的金属之一。银比金活泼，虽然它在地壳中的丰度大约是黄金的15倍，但它很少以单质状态存在，因而它的发现要比金晚。在古代，人们就已经知道开采银矿，由于当时人们取得的银的量很小，使得它的价值比金还贵。公元前1780至1580年间，埃及王朝的法典规定，银的价值为金的2倍，甚至到了17世纪，日本金、银的价值还是相等的。银最早用来做装饰品和餐具，后来才作为货币。

纯银是一种美丽的白色金属，银的化学符号Ag，来自它的拉丁文名称Argentum，是"浅色、明亮"的意思。热导率为429瓦/（米·开），是导热性最强的金属。

·知识链接·

苗族银饰：苗族银饰可分头饰、颈饰、胸饰、手饰、盛装饰和童帽饰等，都是由苗族银匠精心做成，据说已有千年历史。苗族银饰以其多样的品种、奇美的造型和精巧的工艺，不仅向人们呈现了一个瑰丽多彩的艺术世界，而且也展示出一个有着丰富内涵的精神世界。苗族银饰的种类较多，从头到脚，无处不饰。除头饰、胸颈饰、手饰、衣饰、背饰、腰坠饰外，个别地方还有脚饰。

全国已探明有银矿储量的产地有569处，分布在27个省、市、自治区。储量在10 000吨以上的省有江西、云南、广东；储量在5 000～10 000吨之间的省(区)有内蒙古、广西、湖北、甘肃，这7个省(区)的储量占了全国总保有储量的60.7%，其余20个省、市、自治区的储量只占全国总储量的39.3%。

中国银矿储量按照大区分布，以中南区为最多，占总保有储量的29.5%，其次是华东区占26.7%；西南区占15.6%；华北区占13.3%；西北区占10.2%；最少的是东北区，只占4.7%。

从省区来看，银矿的保有储量最多的是江西，为18 016吨，占全国总保有储量的15.5%；其次是云南，为13 190吨，占11.3%；广东，为10 978吨，占9.4%；内蒙古，为8 864吨，占7.6%；广西为7708t，占6.6%；湖北为6 867吨，占5.9%；甘肃为5 126吨，占 4.4%，以上7个省(区)储量合计占全国总保有储量的60.7%。

★ 银是最强的导热金属，同时也是最受欢迎的饰品材质之一，图为戴满银饰的苗家女孩。

专题讲述

化学元素周期表

一张表格，揭示了物质世界的秘密，把原本看似毫不相关的零散元素统一起来，进而组成一个完整的自然体系，这就是化学元素周期表。

化学元素周期表，用表格的形式将原本杂乱无序的化学元素"分门别类"地整理成了一个让人一目了然的表格，当捧起这份表格，或许所有人都会觉得这是一个很简单的归纳，但当坐下来认真去走进化学的世界，相信所有人都会从内心发出由衷的感慨，原来化学元素周期表竟是如此的伟大！

化学元素周期表不是一个人一天完成的，而是数位化学大师经过若干年的研究才得出的科学排序。

化学家拉瓦锡在他1789年发表的《化学基础论说》一书中列出了他所制作的化学元素表，其中列举了被分为4类的33种化学元素。

1.气态的简单物质：光、热、氧气、氮气、氢气。

2.可以氧化和成酸的简单非金属

★ 在化学元素周期表出现以前，人们所发现的化学元素只能以一种"凌乱"的状态存在。

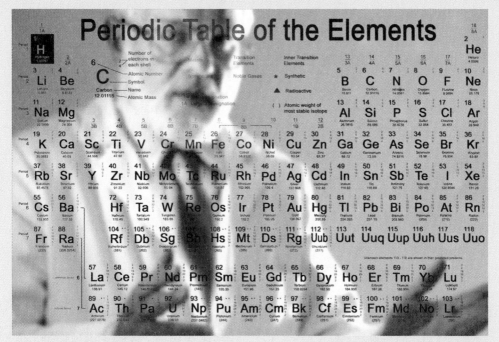

★　元素周期表的绘制，成为化学史上一次重大的突破，同时也将化学研究带入了一个新的阶段。

物质：硫、磷、碳、盐酸基、氢氟酸基、硼酸基。

　　3.能够氧化和成盐的简单金属物质：锑、砷、银、钴、铜、锡。铁、锰、汞、钼、金、铂、铅、钨、锌。

　　4.可以成盐的简单土质：石灰、苦土、重土、矾土、硅土。

　　在这份化学元素表里，拉瓦锡不仅把一些非单质列为元素，而且把光和热也拉进了元素的集合。可见这份元素表还有很多需要修正的地方。

　　在拉瓦锡的划分中，所以把盐酸基、氢氟酸基以及硼酸基列为元素，是因为他所创立的学说也就是一切酸中皆含有氧。盐酸，他认为是盐酸基和氧的化合物，也就是说，是一种简单物质和氧的化合物，因此盐酸基就被他认为是一种化学元素了。氢氟酸基和硼酸基也是如此。他之所以在"简单非金属物质"前加上"可以氧化和成酸的"的道理也在于此。在他的意识里，能够被氧化，也就能成酸。

　　至于拉瓦锡元素表中的"土质"，在19世纪以前，化学研究者都将它们视作元素，是不能再分的简单物质。"土质"在当时表示具有这样一些共同性质的简单物质，如具有碱性，加热时不易熔化，也不发生化学变化，几乎不溶解于水，与酸相遇不产生气泡。这样，石灰就是一种土质，重土——氧化钡，苦土——氧化镁，硅土——氧化硅，矾土——氧化铝。在今天它们是属于碱土族元素或土族元素的氧化物。这个"土"字也就由此而来。

到了19世纪初，道尔顿在化学中提出原子学说，并开始测定原子量，化学元素的概念开始和物质组成的原子量联系起来，使每一种元素成为具有一定（质）量的同类原子。

尽管无数化学家对元素都有着独特的研究，但是元素周期表还没有形成科学的轮廓，直到俄国著名化学家门捷列夫的出现。

1869年俄国化学家门捷列夫经过近20年的研究，首创化学元素周期表，后来又经过多名科学家多年的修订才形成现在的元素周期表。

元素周期表中共有118种元素。每一种元素都有一个编号，大小恰好等于该元素原子的核内电子数目，这个编号也称为原子序数。

原子的核外电子排布和性质有明显的规律性，科学家们是按原子序数递增排列，将电子层数相同的元素放在同一行，将最外层电子数相同的元素放在同一列。

元素周期表有7个周期，分为16个族。每一个横行叫作一个周期，每一个纵行叫作一个族。这7个周期又可分成短周期（1、2、3）、长周期（4、5、6）和不完全周期。16个族，又分为7个主族（ⅠA～ⅦA），7个副族（ⅠB～ⅦB），1个第ⅧB族，1个零族。

元素在周期表中的位置在反映了元素的原子结构的同时，也显示了元素性质的递变规律和元素之间的内在联系。

同一周期内，从左到右，元素核外电子层数相同，最外层电子数依次递增，除零族元素外原子半径递减。失电子能力逐渐减弱，获电子能力逐渐增强，金属性逐渐减弱，非金属性逐渐增强。元素的最高正氧化数从左到右递增（没有正价的除外），最低负氧化数从左到右递增（第一周期除外，第二周期的O、F元素除外）。

同一族中，由上而下，最外层电子数相同，核外电子层数逐渐增多，原子序数递增，元素金属性递增，非金属性递减。

在元素周期表逐渐形成之后，英国物理学家阿斯顿在1921年证明大多数化学元素都有不同的同位素。元素的原子量是同位素质量按同位素在自然界中存在的质量分数求得的平均值。

同一时期英国物理学家莫塞莱在1913年系统地研究了由各种元素制成的阴极所得的X射线的波长，指出元素的特征是这个元素的原子的核电荷数，也就是后来确定的原子序数。

1923年，国际原子量委员会正式决定：化学元素是根据原子核电荷的多少对原子进行分类的一种方法，把核电荷数相同的一类原子称为一种元素。

当然，即便到了现在，人们对化

学元素认识也没有彻底完成。当前化学中关于分子结构的研究，物理学中关于核粒子的研究等都在深入开展，可以预料它将带来对化学元素的新认识。

到2007年为止，总共有118种元素先后被发现，其中94种是存在于地球上。拥有原子序数大于82（即铋及之后的元素）都是不稳定，并会进行放射衰变。第43和第61种元素（即锝

★ 元素周期表为化学学习与研究提供了巨大的便利。

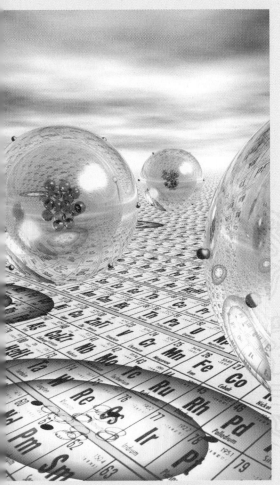

和钷）没有稳定的同位素，会进行衰变。可是，即使是原子序数高达94，没有稳定原子核的元素都一样能在自然中找到，这就是铀和钍的自然衰变。所有化学物质都包含元素，即任何物质都包含元素，随着人工的核反应，更多的新元素将会被发现出来。

前103位化学元素：

1 H氢　2 He氦　3 Li锂　4 Be铍　5 B硼　6 C碳　7 N氮　8 O氧　9 F氟　10 Ne氖　11 Na钠　12 Mg镁　13 Al铝　14 Si硅　15 P磷　16 S硫　17 Cl氯　18 Ar氩　19 K钾　20 Ca钙　21 Sc钪　22 Ti钛　23 V钒　24 Cr铬　25 Mn锰　26 Fe铁　Co钴　28 Ni镍　29 Cu铜　30 Zn锌　31 Ga镓　32 Ge锗　33 As砷　34 Se硒　35 Br溴　36 Kr氪　37 Rb铷　38 Sr锶　39 Y钇　40 Zr锆　41 Nb铌　42 Mo钼　43 Tc锝　44 Ru钌　45 Rh铑　46 Pd钯　47 Ag银　48 Cd镉　49 In铟　50 Sn锡　51 Sb锑　52 Te碲　53 I碘　54 Xe氙　55 Cs铯　56 Ba钡　57 La镧　58 Ce铈　59 Pr镨　60 Nd钕　61 Pm钷　62 Sm钐　63 Eu铕　64 Gd钆　65 Tb铽　66 Dy镝　67 Ho钬　68 Er铒　69 Tm铥　70 Yb镱　71 Lu镥　72 Hf铪　73 Ta钽　74 W钨　75 Re铼　76 Os锇　77 Ir铱　78 Pt铂　79 Au金　80 Hg汞　81 Tl铊　82 Pb铅　83 B铋　84 Po钋　85 At砹　86 Rn氡　87 Fr钫　88 Ra镭　89 Ac锕　90 Th钍　91 Pa镤　92 U铀　93 Np镎　94 Pu钚　95 Am镅　96 Cm锔　97 Bk锫　98 Cf锎　99 Es锿　100 Fm镄　101 Md钔　102 No锘　103 Lr铹

提起纯净，人们似乎会立刻想到"单一"，但是在化学的天地里，有一种纯净却有着丰富的美丽，它就是化合物。

"成员"数量多达数百万之众的化合物，究竟有着怎样的精彩呢？走进化合物的世界，让我们一起去体验吧。

化 合 物

糖：有我更显"甜蜜蜜"

在有机化合物中，有一类化合物叫作糖，又称碳水化合物。根据糖分子结构的繁简，可分为单糖、二糖和多糖。它们在自然界分布很广，与人类生活的关系极为密切。其中，有的是生物体内热和能量的主要源泉，例如葡萄糖、淀粉。有的是植物和某些

★ 口味甜美的糖，被人类发现之后就迅速成为人们生活里必不可少的一种调剂食品以及食物添加剂。

动物的支持保护物，如草木中的纤维素和动物甲壳所含的甲壳质中的壳糖等。

史前时期，人类就已知道从鲜果、蜂蜜、植物中摄取甜味食物。后发展为从谷物中制取饴糖，继而发展为从甘蔗、甜菜中制糖等。制糖历史大致经历了早期制糖、手工业制糖和机械化制糖3个阶段，现在制糖工艺已经非常成熟。

甜是大多数糖的"属性"，其中

相关链接

葡萄糖又叫玉米葡糖、玉蜀黍糖，甚至简称为葡糖，是自然界分布最广且最为重要的一种单糖，它是一种多羟基醛。纯净的葡萄糖为无色晶体，有甜味但甜味不如蔗糖，易溶于水，微溶于乙醇，不溶于乙醚。葡萄糖在生物学领域具有重要地位，是活细胞的能量来源和新陈代谢中间产物。

·知识链接·

冰糖的药理作用：能补充体内水分和糖分，具有补充体液、供给能量、补充血糖、强心利尿、解毒等作用。适应征：其5%溶液为等渗液，用于各种急性中毒，以促进毒物排泄；10%到50%为高溶液，用于低血糖症、营养不良，或用于心力衰竭、脑水肿、肺水肿等的治疗。

果糖是一种最甜的糖。果糖常和葡萄糖共同存在于蜂蜜及甜的果实中，它也是蔗糖的主要组分。工业上是用菊粉(是一种多糖，存在于菊芋等植物中)在无机酸或酶的作用下，经过水解而制得的。它是一种白色晶体，能溶于水，常用作营养剂和防腐剂等。

市场上出售的糖精，论甜味要比蔗糖大300～500倍，也比果糖甜得多，但它并不是糖，因而不能说它是最甜的糖。食用少量糖精虽然无毒，可是也无营养价值。一般用于制糖浆、饮料、食品和酒类等，只不过增加这些物品的甜味而已。

适当食用白糖有助于提高机体对钙的吸收；但过多就会妨碍钙的吸收。冰糖养阴生津，润肺止咳，对肺燥咳嗽、干咳无痰、咳痰带血都有很好的辅助治疗作用。红糖虽杂质较多，但营养成分保留较好。它具有益气、缓中、助脾化食、补血破淤等功效，还兼具散寒止痛作用。妇女因受寒体虚所致的痛经等症或是产后喝些红糖水往往效果显著。红糖对老年体弱，特别是大病初愈的人，还有极好的疗虚进补作用。另外，红糖对血管硬化能起一定预防作用，且不易诱发龋齿等牙科疾病。

一般所指的"糖分"通常是指游离糖即添加糖，包括葡萄糖、蔗糖(砂糖、啡糖)、糖浆等，化学结构上属于单醣及双醣类。每克糖所含的热量约为17焦尔，如果摄取过量而无法及时消耗，多余的热量就会转化成脂肪。此外，含有添加糖的食物、饮品摄取过多会令血糖快速上升，导致血液中胰岛素增加；胰岛素会令身体更有效率地储存脂肪，引发肥胖，会增加患慢性疾病如心血管疾病的风险。

★ 一起品尝棉花糖的情侣。

高氯酸：酸中的"战斗酸"

小/档/案

酸既是化学世界一个不可忽视的"家族"，同时也是这个家族成员性质的一个概括。虽然都是酸，但是酸性却强弱不同，在这其中，酸性最强的要数高氯酸，它是酸中王者，堪称酸中的战斗酸！

化学上有一大类化合物叫作酸类。其中如硫酸、盐酸、硝酸等，对我们发展生产、巩固国防以及提高人民物质文化生活水平等方面，都起着重要作用。这几种酸的酸性都很强，人们把它们叫作三大强酸。又比如食醋中含有的醋酸，蜂、蚁等昆虫的分

相关链接

柠檬酸是一种重要的有机酸，又名枸橼酸，无色晶体，常含一分子结晶水，无臭，有很强的酸味，易溶于水。其钙盐在冷水中比热水中易溶解，此性质常用来鉴定和分离柠檬酸。结晶时控制适宜的温度可获得无水柠檬酸。在工业，食品业，化妆业等具有极多的用途。

★ 含有醋酸的食醋。

泌液中含有的蚁酸以及葡萄、柠檬等果实中含有的柠檬酸等，也都属于酸类，不过它们的酸性都比较弱，是一些弱酸。

由于酸类物质在水溶液中都能不同程度地离解而生成氢离子（带一个单

位正电荷的氢原子），因而它们都有一些共同的性质。例如酸溶液都有酸味，能使紫色石蕊试液变成红色，能跟镁、锌、铁等活泼金属起反应，通常放出氢气等等。所谓强酸或弱酸，只是在这些性质上程度有强弱不同而已。

在已知酸中，酸性最强的要算高氯酸。它是一种无色液体，除具有酸类物质的共同性质外，它在空气中会强烈发烟，腐蚀性很强，溅在皮肤上会引起疼痛、烧伤。它有很强的氧化其他物质的能力，一遇到纸、炭、木屑等易燃物，就会引起燃烧和爆炸。受热易分解，温度超过90℃，也会发生爆炸。不过当它溶于水后，却稳定得多。在制取和使用高氯酸时，要特别注意安全。

用于电镀工业、电影胶片、人造金刚石工业、电抛光工业和医药工业。也用于生产砂轮除去碳粒杂质，用作强氧化剂。还用于生产烟花和炸药。50%高氯酸用作丙烯腈聚合物的溶剂。是制造金属高氯酸盐的原料。还可用作氧化剂等，可作化学分析试剂。

因为高氯酸存在强烈腐蚀性，所以在使用中一定要主意安全。了解它的危险性以及应急救助措施变得非常重要。

危险性概述

健康危害：高氯酸有强烈腐蚀性。皮肤黏膜接触、误服或吸入后，引起强烈刺激症状。

★　电镀后的金属成品，虽然看不到高氯酸的影子，但是在电镀过程中，高氯酸却发挥着重要作用。

燃爆危险：高氯酸助燃，具强腐蚀性、强刺激性，可致人体灼伤。

急救措施

皮肤接触：立即脱去污染的衣着，用大量流动清水冲洗至少15分钟。及时就医。

眼睛接触：立即提起眼睑，用大量流动清水或生理盐水彻底冲洗至少15分钟。及时就医。

吸入：迅速脱离现场至空气新鲜处。保持呼吸道通畅。如呼吸困难，给输氧。如呼吸停止，立即进行人工呼吸。及时就医。

食入：用水漱口，饮用牛奶或蛋清，及时就医。

·知识链接·

氧化剂是氧化还原反应里得到电子或有电子对偏向的物质，也即由高价变到低价的物质。氧化剂从还原剂处得到电子自身被还原变成还原产物。氧化剂和还原剂是相互依存的。氧化剂在反应里表现氧化性。氧化能力强弱是氧化剂得电子能力的强弱，含有容易得到电子的元素的物质常用作氧化剂，在分析具体反应时，常用元素化合价的升降进行判断：所含元素化合价降低的物质为氧化剂。

★ 与多数化学品不慎入眼的处理方式相同，高氯酸不慎与眼睛接触，可以立即用流水清洗，然后就医。

碘化银：不能呼风，却能唤雨

　　呼风唤雨是古代传说或是神话故事中经常出现的场景，曾经它只是人们的一种美好假象。然而随着人们对于科学认识的加深，呼风唤雨已经成为现实。化学上，碘化银就是这样的一种物质，它是人们常用的"唤雨"高手。

　　人工降雨一般有两种方法。一种是暖云降雨。暖云里必须有足够大的水滴才能下雨。为了促使暖云降雨，可以用飞机向云中喷撒适量的吸湿性物质，如粉末状的氯化钠、氯化钙、尿素等。它们能很快吸收水蒸气成为水珠而导致降雨。

相关链接

　　尿素别名碳酰二胺、碳酰胺、脲。是由碳、氮、氧和氢组成的有机化合物，又称脲（与尿同音）。其化学公式为 CON_2H_4 或 $CO(NH_2)_2$。外观是白色晶体或粉末。它是动物蛋白质代谢后的产物，通常用作植物的氮肥。

　　还有一种是冷云降雨。冷云里必须有足够的冰晶才能下雨。为了促使冷云降雨，可以用飞机或火箭将碘化银撒播到云层里。碘化银是一种黄色晶体，由于见光后会分解，一般应保存在棕色瓶内并放于暗处。通常它是跟氯化银、溴化银一样作为照相底片的感光剂使用的。但随着人们对人工降雨的研究，要寻找与冷云里冰晶形状相似的物质，以便增加冷云中的冰晶而导致降雨，结果找到了碘化银。它的晶体外形与冷云中自然冰晶的外形相似。人们给这种晶体取了个名字叫"人造冰晶"。工作时，把碘化银先溶解在氨水里，然后用飞机喷洒。氨水易挥发，碘化银晶体很快析出来，飘浮在冷云中，天空中的水蒸气就在碘化银晶体上凝聚变成雪花。如果云层下的温度低于0℃，就下一场鹅毛大雪。如果云层下的温度高于0℃，雪花就融化成雨滴，下的是一场瓢泼大雨。据测定，1克碘化银可以变成10万亿颗人造冰晶。

　　除碘化银外，也可以用干冰作降雨剂。干冰是固体二氧化碳，它的晶体好似雪花，在－78℃时直接气化。当干冰撒到云里，高空的温度就迅速下降，干冰周围空气里的水蒸气便凝结成亿万颗微小的冰晶而导致降雨。一般每千米要撒播1克到10千克干冰。而以碘化银作人工降雨剂时，用量比干冰少得多，通常每千米只要用0.01克到0.1克就够了。迄今为止，碘化银被认为是性能最好的一种人工降雨剂。同时，还被用来消除冰雹。这是由于碘化银在高空能产生亿万颗人造冰晶，使水蒸气分散凝结，不致形成又大又重的冰雹。但由于碘化银用量多，价格昂贵，银的资源有限，且不能回收，因此世界各国都在纷纷寻找新的人工降雨剂和消雹剂。

用化学药剂来进行人工降雨和消雹等是20世纪40年代才开始试验的，在世界上还只有近四十年的历史，但是它已迅速发展成一门崭新的、有广阔前途的科学。我国从1958年以来，曾先后在大部分省、市、自治区进行过不同规模的人工降雨，有些省还进行了消除冰雹的工作。

·知识链接·

人工降雨成本：人工降雨所用的火箭弹一枚的价值在4000元左右，用于使用的人工降雨火箭发射架价值在20万元左右。火箭弹属于军火，从运输费、押送费、保管费、发射费等都是一笔不小的开支。还有那么多工作人员背后默默地付出不能不算，每次都要发射探空气球，而且还要对数据进行分析处理，这些间接投入不好算，也算不清。

★ 人工降雨是人类通过化学手段实施的对天气的干预，对缓解旱情有着积极的意义。

★ 碘化银既能有效地形成人工降雨，同时也能够用作消雹剂，降低气象灾害对农业的影响。

盐酸："锈场"显身手

小/档/案

　　日常生活中，人们常常苦恼于金属物品生锈。而在工业生产中，锈也是一个不得不面对的"麻烦"。那么究竟怎么解决这一困扰呢？盐酸是最好的答案。

　　盐酸是除锈效果最好的物质，在生活中去除钢铁表面的锈蚀多采用盐酸除锈的方法。由于强调生产，追求产量，使酸洗液一直处于较高浓度，而忽视了酸洗液的最佳浓度的控制与维护，许多厂家简单地采取每周更新一次酸液，或长期不更换酸液，只是经常倒掉一些新酸洗液，添加一些新酸洗液，造成盐酸耗量过高，增加了生产成本，并对环境造成了一定的污染。

　　研究表明：酸洗速度快慢不仅要考虑酸洗液的浓度，而重要的是决定于$FeCl_2$在该盐酸浓度下的饱和程度。当盐酸的密度达到10%时，$FeCl_2$饱和度48%；当的密度达到31%时，$FeCl_2$饱和度只5.5%，同时$FeCl_2$饱和度随温度上升而增大。要在最短时间内，使酸洗后的钢铁表面达到最佳清洁表面，关键在于选择盐酸的浓度、$FeCl_2$含量，与在该盐酸浓度下的溶解度。因此要提高酸洗速度既要有适当盐酸浓度和一定的$FeCl_2$含量，又要有较高的$FeCl_2$溶解量，在这三个参数中，尤其以盐酸浓度最为重要，降低盐酸浓

★　锈是人们日常生活中使用金属工具所难以避免的一个苦恼，它不仅影响金属制品的美观，同时也会对质量造成极大破坏。

加酸要勤，每次加酸量宜少。如果冬季酸洗速度慢可以加温至20～25℃，$FeCl_2$含量过高，酸液的密度超过1.35克/厘米^3，可用水稀释最后达到酸液的密度不大于1.22克/厘米^{3}即可。

为了解决盐酸酸洗槽在存放和工作中有大量的酸雾散发，造成环境酸雾污染以及在酸洗钢铁时产生铁基体的溶解，造成过腐蚀和氢脆的问题，可使用高效酸雾抑制剂、缓蚀剂与盐酸溶液配制成常温高效除锈液，在常温下去除氧化皮，除锈速度快，不产生过腐蚀，工件表面及内在质量均得到提高，酸槽附近基本闻不到盐酸刺鼻味，除锈率不低于98%，连续添加使用可延长除锈液及设备的使用寿命，并可节约燃料和能耗。其酸洗液配制及工艺条件如下：（质量分数）盐酸（33%）55%，除锈添加剂

相关链接

酸洗：利用酸溶液去除钢铁表面上的氧化皮和锈蚀物的方法称为酸洗。氧化皮、铁锈等铁的氧化物与酸溶液发生化学反应，形成盐类溶于酸溶液中而被除去。酸洗用酸有硫酸、盐酸、磷酸、硝酸、铬酸、氢氟酸和混合酸等。最常用的是硫酸和盐酸。

度不但能够容纳较多的$FeCl_2$含量，而且还不易饱和，从而较好地解决钢铁制品酸洗质量。

实践证明，盐酸浓度范围控制过窄、过宽对操作、生产都带来一定的难度。根据连续生产实际及人为诸多因素的影响，我们认为推荐使用盐酸的体积分数控制在8%～13%，酸液温度在20～40℃之间，酸液的密度为1.35～1.20克/厘米^3，可以较好地满足生产的需要，最大限度地提高酸液使用寿命。$FeCl_2$含量高，则盐酸浓度可相应取低值；$FeCl_2$含量低，盐酸浓度可取高值。在具体操作上，要经常防止酸液浓度降低和酸液面高度下降，需要补充新酸。添加酸时必须做到一勤二少，即

·知识链接·

盐酸对健康的危害：接触其蒸气或烟雾，可引起急性中毒，出现眼结膜炎，鼻及口腔黏膜有烧灼感，鼻出血、牙龈出血，气管炎等。误服可引起消化道灼伤、溃疡形成，有可能引起胃穿孔、腹膜炎等。眼和皮肤接触可致灼伤。慢性影响：长期接触，引起慢性鼻炎、慢性支气管炎、牙齿酸蚀症及皮肤损害。

10%，水35%，温度20～40℃。该除锈添加剂由有机酸、烷基硫酸钠、六次甲基四胺、聚乙二醇、磷酸和水组成。

工业上制取盐酸时，首先在反应器中将氢气点燃，然后通入氯气进行反应，制得氯化氢气体。氯化氢气体冷却后被水吸收成为盐酸。在氯气和氢气的反应过程中，有毒的氯气被过量的氢气所包围，使氯气得到充分反应，防止了对空气的污染。在生产上，往往采取使另一种原料过量的方法使有害的、价格较昂贵的原料充分反应。

★ 除去锈的金属，重新焕发金属光泽，并且有效地减少了锈对金属本身的腐蚀性。

氧化亚氮：让你笑，让你麻

小/档/案

气体的世界向来神奇，有些能够让火燃烧的更加剧烈；有些能够使温度骤然下降，然而这些都还不算神奇，因为有一种气体叫作氧化亚氮，它能够让人笑，让人麻！

氧化亚氮，无色有甜味气体，又称笑气。是一种氧化剂，在一定条件下能支持燃烧，但在室温下稳定，有轻微麻醉作用，并能致人发笑，能溶于水、乙醇、乙醚及浓硫酸。其麻醉作用于1799年由英国化学家汉弗莱·戴维发现。该气体早期被用于牙科手术的麻醉，是人类最早应用于医疗的麻醉剂之一。

1772年，英国化学家普利斯特里发现了一种气体。他制备一瓶气体

★ 化学家普利斯特里的雕像。

相关链接

乙醇：无色透明液体，有特殊香味，易燃、易挥发。能与水、氯仿、乙醚、甲醇、丙酮和其他多数有机溶剂混溶。相对密度为0.816。乙醇蒸气能与空气形成爆炸性混合物。

后，把一块燃着的木炭投进去，木炭比在空气中烧得更旺。他当时把它当作"氧气"，因为氧气有助燃性。但是，这种气体稍带"令人愉快"的甜味，同无臭无味的氧气不同；它还能溶于水，比氧气的溶解度也大得多。它是什么，成了一个待解的"谜"。

26年后，也就是1798年，普利斯特里实验室来了一位年轻的实验员，他的名字叫戴维。戴维有一种忠于职责的勇敢精神，凡是他制备的气体，都要亲自"嗅几下"，以了解它对人

★ 与道尔顿同时期的英国化学家、发明家戴维。

的生理作用。当戴维吸了几口这种气体后，奇怪的现象发生了：他不由自主地大声发笑，还在实验室里大跳其舞，过了好久才安静下来。因此，这种气体被称为"笑气"。

戴维发现"笑气"具有麻醉性，事后他写出了自己的感受："我并非在可乐的梦幻中，我却为狂喜所支配；我胸怀内并未燃烧着可耻的火，两颊却泛出玫瑰一般的红。我的眼充满着闪耀的光辉，我的嘴喃喃不已地自语，我的四肢简直不知所措，好像有新生的权力附上我的身体。"

不久，以大胆著称的戴维在拔掉龋齿以后，疼痛难熬。他想到了令人兴奋的笑气，取来吸了几口。果然，他觉得痛苦减轻，神情顿时欢快起来。

笑气为什么具有这些特性呢？原来，它能够对大脑神经细胞起麻醉作用。但大量吸入可使人因缺氧而窒息致死。

1844年12月，美国哈得福特城举行了一个别开生面的笑气表演大会。每张门票收0.25美元。在舞台前一字排列着8个彪形大汉，他们被特地请来处理志愿吸入笑气者可能出现的意外事故。

有一个名叫库利的药店店员走上舞台，志愿充当笑气吸入的受试人。当库利吸入笑气后，欢快地大笑一番。由于笑气的数量控制得不好，

★ 现在医学发展，除了笑气以外，人们还研制出了其他不同的麻醉方法。

他一时失去了自制能力，笑着、叫着，向人群冲去，连前面有椅子也未发现。库利被椅子绊倒，大腿鲜血直流。当他一时眩晕并苏醒后，毫无痛苦的神情。有人问他痛不痛，他摇摇头，站起身来就走了。

库利的一举一动，引起观众席上一位牙医韦尔斯的注意。他想，库利跌碰得不轻，为什么他不感到疼痛？是不是"笑气"有麻醉的功能？当时，还没有麻醉药，病人拔牙时和受刑差不多，很痛苦。于是他决定拿自己来做实验。

一天，韦尔斯让助手准备拔牙手术器具，然后吸入"笑气"，坐到手术椅上，让助手拔掉他一颗牙齿。牙拔下了，韦尔斯一点也不觉得疼。于是，"笑气"作为麻醉剂很快进入医院，并被长期使用着。

·知识链接·

使用笑气需要注意的事项：大手术需配合硫喷妥钠及肌肉松弛剂等；吸入气体中氧气的体积分数不应低于20%；麻醉终止后，应吸入纯氧10分钟，以防止缺氧。另外，当病人有低血容量、休克或明显的心脏病时，可引起严重的低血压。氧化亚氮对有肺血管栓塞症的病人可能也是有害的。

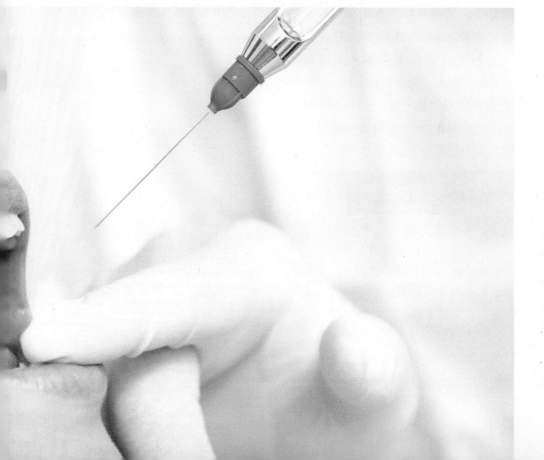

重水：当之无愧的"高价水"

小/档/案

提起高价水，人们或许会想到近来市场上兴起的"生态水"，然而当这些水遭遇"重水"，或许人们才会发现什么是小巫见大巫，因为"重水"才是当之无愧的高价！

水在地球上是取之不尽、用之不竭的最不稀罕的液体，根本谈不上什么价格。可是在化学上却有一种价格很高的水，这种水就是"重水"。

为了说明什么叫重水，就先从"重氢"谈起。氢原子有三种，第一种氢原子是氕(读作"撇")，化学符号为H，它的质量为1，是最轻的氢原子；第二种氢原子是氘(读作"刀")，化学符号为D，它的质量为氕的二倍，通常叫作"重氢"；第三种氢原子是氚(读作"川")，化学符号为T，它的质量为氕的三倍，通常叫做"超重氢"。在普通氢中，几乎全是氕，氘的含量为0.017%，而氚的含量却微不足道。这三种氢原子的质量不同，但它们的化学性质相同，是氢的三种同位素。

★ 水是地球上最常见的"物质"，或许人们觉得它也是最不稀奇、最廉价的。然而有一种"重水"却是十足的贵族。

相关链接

同位素是同一元素的不同原子，其原子具有相同数目的质子，但中子数目却不同（例如氕、氘和氚，它们原子核中都有1个质子，但是它们的原子核中分别有0个中子、1个中子及2个中子，所以它们互为同位素）。

两个氕原子与一个氧原子(质量为16)结合而成的水分子,它的质量为18;叫作"轻水";两个氘原子与一个氧原子结合而成的水分子,它的质量为20,叫作"重水"。在普通水中几乎全是轻水,重水的含量极微。但轻水和重水分子里的氕、氘两种同位素会发生交换作用而生成的水分子叫作"半重水"。

由于氕原子与氧原子的结合比氘牢固些,当通电分解普通水时,轻水首先分解成氢和氧,含氘的重水分子就留在电解槽里越聚越多,它的浓度因而也越来越大,经过这样的多次电解,最后获得的几乎是纯净的重水。但是用这种电解法去制备重水需要消耗大量的电能,因此在实际生产中常用特殊的方法,先把重水富集到较高浓度,再进行电解。

在化学性质上它们之间是有差异的。盐类在重水中的溶解度就比在普通水中小些。许多物质与重水发生反应就比与普通水发生反应慢些。植物种子浸在重水中不能发芽,鱼类、虫类在重水中很快死亡,但在稀释的重水中却能生存。

重水在铀反应堆里用作中子减速剂,由于它分子中的氘原子核能有效地使中子减速而又几乎不吸收中子,因此用重水作减速剂,可以减少中子的损失,并可缩小反应堆的体积和重量。重水在普通水里含量极微,制取困难,因而成本很高,价格昂贵。几年以前,1立方米重水的最低价格约为30万美元。

专题讲述

神奇的二氧化碳

二氧化碳分子式为CO_2，是化学领域常见的化合物，但是不要因为它的常见而小瞧它。因为它可是一个十足的"厉害角色"。

常温下，二氧化碳是无色无臭的气体，不可燃、不助燃。它的密度略大于空气，能够溶于水，生成碳酸。它的固态形式被称为干冰。

随着现在环保观念的加强，或许人们提起二氧化碳，都会想到由其"负主要责任"的温室效应，但是不可否认，二氧化碳在人们的生产生活中都发挥着巨大的作用。这些积极作用也使得二氧化碳具备了更多的神奇！

二氧化碳的作用

气体二氧化碳被广泛用于制碱工业、制糖工业，以及钢铸件的淬火和铅白的制造等领域。此外，二氧化碳还可用于制取金刚石，反应的化学方程式为$4Na+CO_2=2Na_2O+C$，反应的条件为440℃及800个大气压，在这样的条件下，二氧化碳会形成超流体，能够吸附在钠的表面，加速电子从钠传递至二氧化碳的过程。当温度降低至400℃时，就没有金刚石的产生了，当压力下降时，生成物也主要以石墨为

★ 二氧化碳是形成金刚石必不可少的条件之一。

主。

液体二氧化碳的密度为1.1克/厘米³。液体二氧化碳蒸发时或在加压冷却时可凝成固体二氧化碳，俗称干冰，是一种低温制冷剂，密度为1.56克/厘米³。二氧化碳能溶于水，20℃时每100体积水可溶88体积二氧化碳，一部分跟水反应生成碳酸。化学性质稳定，没有可燃性，一般不支持燃烧，但活泼金属可在二氧化碳中燃烧，如点燃的镁条可在二氧化碳中燃烧生成氧化镁和碳。二氧化碳是酸性氧化物，可跟碱或碱性氧化物反应生成碳酸盐。跟氨水反应生成碳酸氢铵。无毒，但空气中二氧化碳含量过高时，也会使人因缺氧而发生窒息。

★　二氧化碳灭火器。

绿色植物能将二氧化碳跟水在光合作用下合成有机物。二氧化碳可用于制造碳酸氢铵、小苏打、纯碱、尿素、铅白颜料、饮料、灭火器以及铸钢件的淬火。二氧化碳在大气中约占总体积的0.03％，人呼出的气体中二氧化碳约占4％。实验室中常用盐酸跟大理石反应制取二氧化碳，工业上用煅烧石灰石或酿酒的发酵气中来获得二氧化碳。

液态二氧化碳蒸发时会吸收大量的热；当它放出大量的热量时，则会凝成固体二氧化碳，俗称干冰。

干冰的应用

1.干冰在工业模具领域的应用

轮胎模具、橡胶模具、聚氨酯

模、聚乙烯模、PET模具、泡沫模具、注塑模具、合金压铸模、铸造用热芯盒、冷芯盒，可清除失效脱膜层、炭化膜剂、油污、打通排气孔，清洗后模具光亮如新。

在线清洗，无需降温和拆卸模具，避免了化学清洗法对模具的腐蚀和损害、机械清洗法对模具的机械损伤及划伤，以及反复装卸导致模具精度下降等缺点。关键的是，可以免除拆卸模具及等待模具降温这两项最耗时间的步骤，这样均可以减少停工时间约80%～95%。

2.干冰在石油化工领域的应用

清洗主风机、气压机、烟机、汽轮机、鼓风机等设备及各式加热炉、反应器等结焦结炭的清除。清洗换热器上的聚氯乙烯树脂；清除压缩机、储罐、锅炉等各类压力容器上的油污、锈污、烃类及其表面污垢；清理反应釜、冷凝器；复杂机体除污；炉管清灰等。

3.干冰在食品制药行业的应用

可以成功去除烤箱中烘烤的残渣、胶状物质和油污以及未烘烤前的生鲜制品混合物。有效清洁烤箱、混合搅拌设备、输送带、模制品、包装设备、炉架、炉盘、容器、辊轴、冷冻机内壁、饼干炉条等。

干冰清洗的益处：排除有害化学药剂的使用，避免生产设备接触有害化学物和产生第二次垃圾；抑制或除掉沙门氏菌、利斯特菌等细菌，更

彻底的消毒、洁净；排除水刀清洗对电子设备的损伤；最低程度的设备分解；降低停工时间。

4.干冰在印刷工业的应用

清除油墨很困难，齿轮和导轨上的积墨会导致低劣的印刷质量。干冰清洗可去除各种油基、水基墨水和清漆，清理齿轮、导轨及喷嘴上的油污、积墨和染料，避免危险废物和溶液的排放以及危险溶剂造成的人员伤害。

5.干冰在电力行业的应用

可对电力锅炉、凝汽器、各类换热器进行清洗；可直接对室内外变压器、绝缘器、配电柜及电线、电缆进

★ 干冰对于印刷机的清理，有着独特的优势。

行带电载负荷（37千伏以下）清洗；发电机、电动机、转子、定子等部件无破损清洗；汽轮机、透平上叶轮、叶片等部件锈垢、烃类和粘着粉末清洗，不需拆下桨叶，省去重新调校桨叶的动平衡。

干冰清洗的益处：使被清洗的污染物有效地分解；由于这些污染物被清除减少了电力损失；减少了外部设备及其基础设备的维修成本；提高电力系统的可靠性；非研磨清洗，保持绝缘体的完整；更适合预防性的维护保养。

6.干冰在汽车工业的应用

清洗门皮、蓬顶、车厢、车底油污等无水渍，不会导致水污染；汽车化油器清洗及汽车表面除漆等；清除

引擎积炭。如处理积炭，用化学药剂处理时间长，最少要用48小时以上，且药剂对人体有害。干冰清洗可以在10分钟以内彻底解决积炭问题，即节省了时间又降低了成本，除垢率达到100%。

7.干冰在电子工业的应用

清洁机器人、自动化设备的内部油脂、污垢；集成电路板、污染涂层、树脂、溶剂性涂覆、保护层以及印刷电路板上光敏抗腐蚀剂等清除。

8.干冰在航空航天的应用

导弹、飞机喷漆和总装的前置工序；复合模具、特殊飞行器的除漆；引擎积炭清洗；维修清洗；飞机外壳的除漆；喷气发动机转换系统。可直接在机体工作，节省时间。

9.干冰在船舶业的应用

船壳体；海水吸入阀；海水冷凝器和换热器；机房、机械及电器设备等，比一般用高压水射流清洗更干净。

10.干冰在核工业的应用

核工业设备的清洗若采用水、喷砂或化学净化剂等传统清洗方法，水、喷砂或化学净化剂等介质同时也被放射性元素污染，处理被二次污染的这些介质需要时间和资金。而使用干冰清洗工艺，干冰颗粒直接喷射到被清洗物体，瞬间升华，不存在二次污染的问题，需要处理的仅仅是被清洗掉的有核污染的积垢等废料。

11.干冰在美容行业的应用

有的皮肤科医生用干冰来治疗

★ 汽车工业中，运用干冰清洗车体，在环保的同时也更加高效。

青春痘，这种治疗就是所谓的冷冻治疗，因为它会轻微地把皮肤冷冻。

有一种治疗青春痘的冷冻材料就是混合磨碎的干冰及乙酮，有时候会混合一些硫黄。液态氮及固态干冰也可以用来作冷冻治疗的材料。

12.干冰在食品行业的应用

在葡萄酒、鸡尾酒或饮料中加入干冰块，饮用时凉爽可口，杯中烟雾缭绕，十分怡人；制作冰淇淋时加入干冰，冰淇淋不易融化。干冰特别适合外卖冰淇淋的冷藏；星级宾馆、酒楼制作的海鲜特色菜肴，在上桌时加入干冰，可以产生白色烟雾景观，提高宴会档次，如制作龙虾刺身；龙虾、蟹、鱼翅等海产品冷冻冷藏。

13.干冰在冷藏运输领域的应用

低温冷冻医疗用途以及血浆、疫苗等特殊药品的低温运输；电子低温材料，精密元器件的长短途运输。

14.干冰在娱乐领域的应用

广泛用于舞台、剧场、影视、婚庆、庆典、晚会效果等制作放烟，如国家剧院的部分节目就是用干冰来制作效果的。

15.干冰在消防行业的应用

干冰用来作消防灭火，如部分低温灭火器，但干冰在这一块的应用较少，即市场化程度较低。

小提示

切记在每次接触干冰的时候，一定要小心并且用厚棉手套或其他遮蔽物才能触碰干冰！如果是在长时间直接碰触肌肤的情况下，就可能会造成细胞冷冻而类似轻微或极度严重烫伤的伤害。汽车、船舱等地不能使用干冰，因为升华的二氧化碳将替代氧气而可能引起呼吸急促甚至窒息！

另外，干冰温度极低，不可以让小孩子单独接触干冰。同时，干冰存放时千万不能与液体混装。

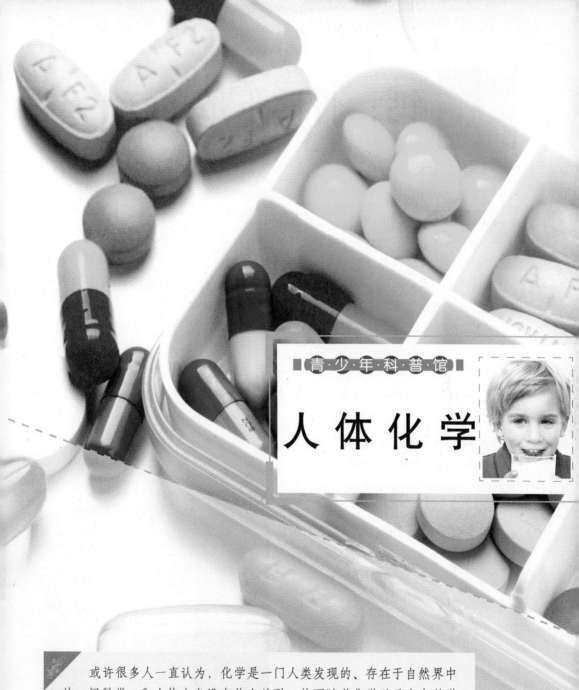

青·少·年·科·普·馆

人体化学

或许很多人一直认为，化学是一门人类发现的、存在于自然界中的一门科学，和人体本身没有什么关联。然而随着化学以及生命科学等知识的积累，人们慢慢发现，原来，就在人的体内，有着广泛的化学分布，而且它们时刻发挥着不可替代的作用。

钙：骨骼形成的关键

钙是人体骨骼发育的基本原料，同时能够促进体内酶的活动，调解酶的活性作用。同时钙还能够调解激素分泌、维持酸碱平衡等。可以说钙是人体生命不可或缺的元素。

钙是人体中重要因素，居体内各组成元素的第五位，是最丰富的元素之一，同时也是含量最丰富的矿物质元素，它占人体总重量的1.5%～2.0%。大约99%的钙集中在骨骼和牙齿内，其余分布在体液和软组织中。血液中的钙不及人体总钙量的0.1%。正常人血浆或血清的总钙浓度比较恒定，平均为2.5摩/升；儿童稍高，常处于上限。随着年龄的增加，男子血清中钙、总蛋白和白蛋白平行地下降，而女子中的血清钙却增加，总蛋白则降低，但依旧比较稳定。

钙的生理作用

(1)钙是构成骨骼和牙齿的主要成分，起支持和保护作用。

(2)钙对维持体内酸碱平衡，维持和调节体内许多生化过程是必需的，它能影响体内多种酶的活动。钙离子被称为人体的"第二信使"和"第三信使"，当体内钙缺乏时，蛋白质、脂肪、碳水化合物不能充分利用，导致营养不良、厌食、便秘、发育迟缓、免疫功能下降。

(3)钙对维持细胞膜的完整性和通透性是必需的。钙可降低毛细血管的通透性，防止渗出，控制炎症与水肿。当体内钙缺乏时，会引起多种过敏性疾病，如哮喘、荨麻疹、婴儿时

★ 钙是人体骨骼构成的重要元素，人体缺钙，严重影响骨骼健康，容易造成骨折。

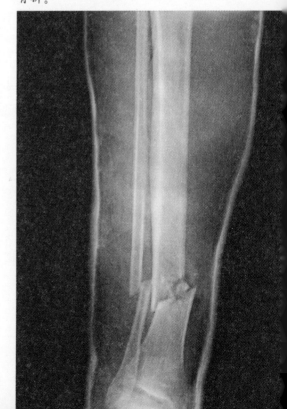

毛细血管是极细微的血管，管径平均为6～9微米，连于动、静脉之间，互相连接成网状。毛细血管数量很大，除软骨、角膜、毛发上皮和牙釉质外，遍布全身。毛细血管壁薄，管径较小，血流很慢，通透性大。其功能是利于血液与组织之间进行物质交换。

湿疹、水肿等。

(4)钙参与神经肌肉的应激过程。在细胞水平上，作为神经和肌肉兴奋—收缩之间的耦联因子，促进神经介质释放和分泌腺分泌激素的调节剂，传导神经冲动，维持心跳节律等。当神经冲动到达神经末梢的突触时，突触膜由于离子转移产生动作电位，细胞膜去极化。钙离子以平衡电位差的方式内流进入细胞，促进神经小泡与突触膜接触向突触间隙释放神经递质。这一过程中钙离子细胞膜内外转移是必需的，同时还依靠钙转移的浓度对反应强度进行调节，钙浓度高时反应强，反之则弱。由于钙的神经调节作用对兴奋性递质和抑制性递质具有相同的作用，因此当机体缺钙时，神经递质释放受到影响，神经系统的兴奋与抑制功能均下降，在幼儿表现较明显，常见为易惊夜啼，烦躁多动，性情乖张和多汗。中老年表现为神经衰弱和神经调节能力和适应能力下降。

(5)钙参与血液的凝固、细胞粘附。体内严重缺钙的人，如遇外伤可致流血不止，甚至引起自发性内出血。

近年医学研究证明，人体缺钙除了会引起动脉硬化、骨质疏松等疾病外，还能引起细胞分裂亢进，导致恶性肿瘤；引起内分泌功能低下，导致糖尿病、高脂血症、肥胖症；引起免疫功能低下，导致多种感染；还会出现高血压、心血管疾病、老年性痴呆等。

★ 牛奶中含有丰富的钙质，经常饮用牛奶能够提供充足的人体所需。

· 知识链接 ·

钙对人体的意义：钙享有"生命元素"之称，20岁以后的女性尤其需要补充。这是因为，自20岁起，骨质密度即开始缓慢减少，30岁以后减速逐渐加快，从而为骨质疏松症等骨病埋下祸根。此外，缺钙也是导致女性衰老的一大因素，因此补钙对女性来说再重要不过。

磷：遍布所有细胞中

小/档/案

它是牙齿和骨骼的构成；它参与代谢过程，供给能量与活力；它能够参与调解酸碱平衡。它就是磷。

正常人体中的含磷量为750～1130g，居体内各组成元素的第六位。常见的氧化形式有－3、+3和+5价，其中对生命有实际意义的是+5价。

磷是构成人体骨骼和牙齿的主要成分。骨骼和牙齿中的磷占人体总磷量的85%。身体内90%的磷是以磷酸根的形式存在。牙釉质的主要成分是羟基磷灰石和少量氟磷灰石、氯磷灰石等。羟基磷灰石是不溶性物质。当糖吸附在牙齿上并且发酵时，产生的H^+和OH^-结合生成H_2O及PO^{3-}_4，就会使羟基磷灰石溶解，使牙齿受到腐蚀。如果用氟化物取代羟基磷灰石中的OH^-，生成的氟磷灰石能抗酸腐蚀，有助于保护牙齿。磷也是构成人体组织中细胞的重要成分，它和蛋白质结合成磷蛋白，是构成细胞核的成分。此外，磷酸盐在维持机体酸碱平衡上有缓冲作用。成年人每天摄取800～1200毫克磷就能满足人体的需要。当人体中缺磷时，就会影响人体对钙的吸收，就会患软骨病和佝偻症等。因此，必须注意摄取含磷的食物。成年人膳食中钙与磷的比例以1.5:1.1为宜。初生儿体内钙少，钙与磷的比例可接近5:1。

磷摄入或吸收的不足会出现低磷血症，引起红细胞、白细胞、血小板的异常，软骨病；因疾病或过多的摄入磷，将导致高磷血症，使血液中血钙降低导致骨质疏松。

如果摄取过量的磷，会破坏矿物质的平衡和造成缺钙。因为磷几乎存在于所有的天然食物中，所以在日常饮食中就摄取了丰富的磷，不必再专

相关链接

细胞核是存在于真核细胞中的封闭式膜状胞器，内部含有细胞中大多数的遗传物质，也就是DNA。这些DNA与多种蛋白质，如组织蛋白复合形成染色质。而染色质在细胞分裂时，会浓缩形成染色体，其中所含的所有基因合称为核基因组。细胞核的作用，是维持基因的完整性，并借由调节基因表现来影响细胞活动。

·知识链接·

磷对植物的作用：磷通常成正磷酸盐形式被植物吸收。当磷进入植物体后，大部分成为有机物，有一部分仍然保持无机盐的形式。磷以磷酸根形式存在于糖磷酸、核酸、核苷酸、辅酶、磷脂、植酸等中。磷在ATP的反应中其关键作用，磷在糖类代谢、蛋白质代谢、和脂肪代谢中起着重要的作用。

门补充。特别是40岁以上的人，由于肾脏不再帮助排出多余的磷，因而会导致缺钙。为此，应该减少食肉量，多喝牛奶，多吃蔬菜。

一般国家对磷的供给量都无明确规定；因一岁以下的婴儿只要能按正常要求喂养，钙能满足需要，磷必然也能满足需要；一岁以上的幼儿以至成人，由于所吃食物种类广泛，磷的来源不成问题，所以实际上并没有规定磷供给量的必要。一般说来，如果膳食中钙和蛋白质含量充足，则所得到的磷也能满足需要。

美国对磷的供给量有一定的规定，其原则是一岁以内的婴儿，按钙/磷比值为1.5∶1的量供给磷；一岁以上则按1∶1的量供给磷。

人类的食物中有很丰富的磷，几乎所有的食物都含磷，特别是谷类和含蛋白质丰富的食物，常用的含磷食品主要有豆类、花生、鱼类、肉类、核桃、蛋黄等。在人类所食用的食物中，无论动物性食物或植物性食物都主要是其细胞，而细胞都含有丰富的磷。故人类营养性的磷缺乏是少见的。但由于精加工谷类食品的增加，人们也在面临着磷缺乏的危险。

★ 除了钙以外，磷也是构成骨骼和牙齿的主要成分。

镁：代谢系统催化剂

小/档/案

镁作为一种营养元素，对维系人体生命健康发挥着积极的作用。广泛分布于人体的镁，就像一剂催化剂，用它所特有的方式作用于人体的代谢系统，进而守护生命健康。

人类开始对镁的生理作用的研究，是从20世纪70年代末、80年代初开始的，而对人体镁缺乏症，直到最近几年才引起注意，1995年在美国举行的一次营养学会议上。专家们估计，美国人患镁缺乏症的人数占总人数的20%以上，个别地区竟达80%以上，这个数字实在令人震惊！

镁在人体中起着至关重要的作用。成年人体内含镁量为20～30克，70%的镁以磷酸盐和碳酸盐的形式存在于骨骼和牙齿中，其余25%存在于软组织中。人体内到处都有以镁为催化剂的代谢系统，约有100个以上的重要代谢必须靠镁来进行，镁几乎参与人体所有的新陈代谢过程。在人体细胞内，镁是继钾之后，第二重要的阳离子，其含量也次于钾。镁具有多种特殊的生理功能，它能激活体内多种酶，抑制神经异常兴奋性，维持核酸结构的稳定性，参与体内蛋白质的合成、肌肉收缩及体温调节。镁影响钾、钠、钙离子细胞内外移动的"通道"，并有维持生物膜电位的作用。

★ 镁是人体必需的微量元素之一，也是营养学的重要构成。

化学发现之旅

酶是指由生物体内活细胞产生的一种生物催化剂。大多数由蛋白质组成（少数为RNA）。能在机体中十分温和的条件下，高效率地催化各种生物化学反应，促进生物体的新陈代谢。生命活动中的消化、吸收、呼吸、运动和生殖都是酶促反应过程。酶是细胞赖以生存的基础。细胞新陈代谢包括的所有化学反应几乎都是在酶的催化下进行的。

镁对于人体的具体作用

（1）作为酶的激活剂，参与300种以上的酶促反应。糖酵解、脂肪酸氧化、蛋白质的合成、核酸代谢等需要镁离子参加。

（2）促进骨的形式。在骨骼中仅次于钙、磷，是骨细胞结构和功能所必需的元素，对促进骨形成和骨再生，维持骨骼和牙齿的强度和密度具有重要作用。

（3）维持神经肌肉的兴奋性。镁、钙、钾离子协同维持神经肌肉的兴奋性。血中镁过低或钙过低，兴奋

性均增高；反之则有镇静作用。

对男性的重要作用

镁能提高精子的活力，增强男性生育能力。虽然镁在体内的含量比钙等营养素少得多，但量少不等于作用小。对男性而言，镁的贡献非常大。

镁是男性的"保健素"。高血压、高血糖、血脂异常等疾病已经成为男人的健康威胁，甚至影响到不少年轻人。值得庆幸的是，大自然已经为男性准备了强有力的盾牌，那就是镁元素。此外，镁还有一个突出的"贡献"，就是提高精子的活力，增强男性生育能力。研究发现，精液不液化的原因之一，就是微量元素镁的缺乏。

·知识链接·

微量元素：微量元素是相对主量元素（大量元素）来划分的，根据寄存对象的不同可以分为多种类型，目前较受关注的主要是两类，一种是生物体中的微量元素，另一种是非生物体中（如岩石中）的微量元素。

★ 镁对提高男性精子活力有着巨大的作用。

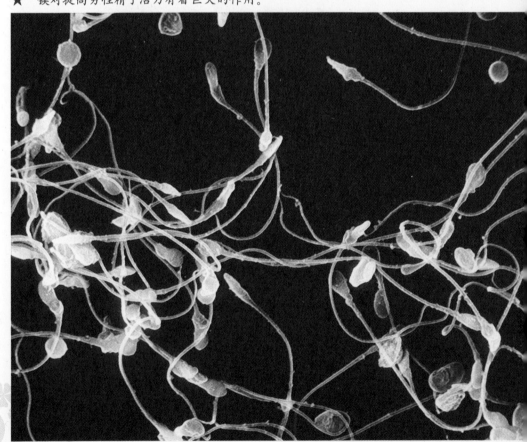

锌：延缓人体走向衰老

小/档/案

近年来，"补锌"已经成为一个非常常见的话题。市场上补锌产品也是一时间变得多种多样。那么锌究竟是什么呢？它对人体又有着怎么样的意义呢？

锌也是许多酶的组成成分，在组织呼吸、蛋白质的合成、核酸代谢中起重要作用。锌对皮肤、骨骼的正常发育是必需的，锌能促使脑垂体分泌出性腺激素，从而使性腺激素发育成熟，功能处于正常的稳定状态。动物实验表明衰老与性腺有关。因此，锌能防止人体衰老，同时还具有预防高血压、糖尿病、心脏病、肝病恶化

★ 锌是人体内重要的微量元素，它对于延缓衰老、预防心脏病等起着积极作用。

的功能。人体慢性缺锌会引起食欲不振、味觉嗅觉迟钝、伤口痊愈率降低、儿童生长发育受阻、老年人会加重衰老等症状。

（1）推迟细胞老化：锌具有抗氧化作用。体内自由基的生成是促进衰老的重要因素，老年人机体清除自由基的能力减弱，自由基引起细胞基质过氧化，形成过氧化脂质(LPO)，破坏生物膜，导致细胞死亡。锌的抗氧化

相关链接

高血压是一种以动脉压升高为特征，可伴有心脏、血管、脑和肾脏等器官功能性或器质性改变的全身性疾病，它有原发性高血压和继发性高血压之分。高血压发病的原因很多，可分为遗传和环境两个方面。

作用保护了生物膜的结构和功能，并参与细胞的复制过程。因此，锌能推迟细胞衰老过程，延长细胞寿命。

（2）抵抗传染病：锌可提高人体免疫力，减少传染病。研究已经证实，锌对预防流行性感冒和缩短病程发挥着重要作用。缺乏锌，体内胸腺萎缩，血液淋巴细胞减少，细胞功能下降，人体免疫功能减弱，易患传染病。还可以产生食欲不振，味觉减退，皮肤、黏膜溃疡不易愈合，适应能力降低等。

（3）延缓性老化：锌能活跃性功能，使体内性激素分泌正常。缺锌使性激素分泌减少，生殖器发生退行性变化，性功能显著下降。激素的减少是衰老的主要象征，体内性激素显著减低，人便迅速老化。

·知识链接·

锌对于伤口的作用：对伤口或皲裂很深的口子，外科常采用氧化锌软膏，治疗效果较好。手术后的病人吃适量含锌的药物，伤口便愈合得快些。因为锌可以维持上皮黏膜组织的正常粘合，所以伤口愈合快。

★ 锌能够提升细胞功能，增强人体免疫力。

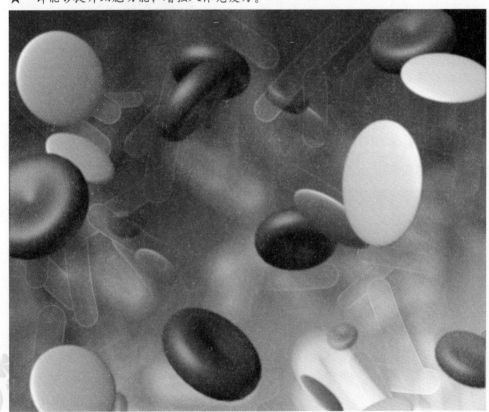

脂肪：供应能量的化合

脂肪是由甘油和脂肪酸组成的三酰甘油酯，其中甘油的分子比较简单，而脂肪酸的种类和长短却不相同。脂肪是生物体的组成部分和储能物质。

脂类是指一类在化学组成和结构上有很大差异，但都有一个共同特性，即不溶于水而易溶于乙醚、氯仿等非极性溶剂中的物质。通常脂类可按不同组成分为五类，即单纯脂、复合脂、萜类和类固醇及其衍生物、衍生脂类及结合脂类。

脂类物质具有重要的生物功能。

相关链接

维生素是人和动物营养、生长所必需的某些少量有机化合物，对机体的新陈代谢、生长、发育、健康有极重要作用。如果长期缺乏某种维生素，就会引起生理机能障碍而发生某种疾病。一般由食物中取得。现在发现的有几十种，如维生素A、维生素B、维生素C等。

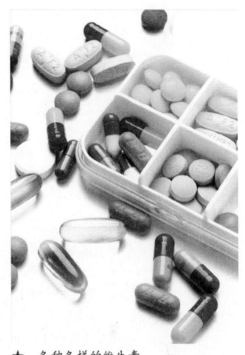

★ 各种各样的维生素。

脂肪是生物体的能量提供者。脂肪也是组成生物体的重要成分，如磷脂是构成生物膜的重要组分，油脂是机体代谢所需燃料的贮存和运输形式。脂类物质也可为动物机体提供溶解于其中的必需脂肪酸和脂溶性维生素。某些萜类及类固醇类物质如维生素A、维生素D、维生素E、维生素K、胆酸及固醇类激素具有营养、代谢及调节功能。有机体表面的脂类物质有防止机械损伤与防止热量散发等保护作用。脂类作为

脂肪酸是由碳、氢、氧三种元素组成的一类化合物，是中性脂肪、磷脂和糖脂的主要成分。自然界约有40多种不同的脂肪酸，它们是脂类的关键成分。许多脂类的物理特性取决于脂肪酸的饱和程度和碳链的长度，其中能为人体吸收、利用的只有偶数碳原子的脂肪酸。

细胞的表面物质，与细胞识别，种特异性和组织免疫等有密切关系。

概括起来，脂肪有以下几方面生理功能：

（1）生物体内储存能量的物质并供给能量1克脂肪在体内分解成二氧化碳和水并产生38千焦能量，比1克蛋白质或1克碳水化合物高一倍多。

（2）构成一些重要生理物质，脂肪是生命的物质基础，是人体内的三大组成部分(蛋白质、脂肪、碳水化合物)之一。磷脂、糖脂和胆固醇构成细胞膜的类脂层，胆固醇又是合成胆汁酸、维生素D_3和类固醇激素的原料。

（3）维持体温和保护内脏、缓冲外界压力，皮下脂肪可防止体温过多向外散失，减少身体热量散失，维持体温恒定。也可阻止外界热能传导到体内，有维持正常体温的作用。内脏器官周围的脂肪垫有缓冲外力冲击保护内脏的作用，减少内部器官之间的摩擦。

（4）提供必需脂肪酸。

（5）脂溶性维生素的重要来源鱼肝油和奶油富含维生素A、维生素D，许多植物油富含维生素E。脂肪还能促进这些脂溶性维生素的吸收。

（6）增加饱腹感。因为脂肪在胃肠道内停留时间长，所以有增加饱腹感的作用。

脂质代谢的研究中最重要的内容是脂肪的代谢，目前影响人类健康的主要疾病——心血管疾病、高血脂、肥胖等都与脂肪代谢失调密切相关。

★ 脂肪是造成人体肥胖的主要原因之一。

锰：酶的辅助因子

小/档/案

锰作为一种营养元素，同时也是正常机体必需的微量元素之一，它构成体内若干种有重要生理作用的酶，进而影响人体发育、改善造血功能等。

锰广泛分布于生物圈内，但是人体内含量甚微。分布在身体各种组织和体液中。骨、肝、胰、肾中锰浓度较高。因为锰在线粒体中的浓度高于在细胞质或其他细胞器中的浓度，所以线粒体多的组织锰浓度较高。在1913年已经知道锰是动物组织的成分之一，但从1931年才陆续在多种实验

★ 长寿的奥秘有很多，其中锰就是不可忽视的因素之一。

动物中发现缺锰的表现，从而确认锰是动物的必需微量元素之一。

锰是人体内许多重要酶的辅助因子，这些酶具有消除导致细胞老化的氧化物的作用，人体缺锰会使机体的抗氧化能力降低，从而加速机体的衰老。我国著名的长寿之乡——广西巴马县，那里的长寿老人头发中锰的含量就高于非长寿地区老人。

锰被确定为人类必需微量元素约有60多年的历史。在体内含量很少，但起着非常重要的作用。目前，已知

·知识链接·

胰岛素是由胰岛β细胞受内源性或外源性物质如葡萄糖、乳糖、核糖、精氨酸、胰高血糖素等的刺激而分泌的一种蛋白质激素。胰岛素是机体内唯一降低血糖的激素，同时促进糖原、脂肪、蛋白质合成。

维生素是人和动物营养、生长所必需的某些少量有机化合物，对机体的新陈代谢、生长、发育、健康有极重要作用。如果长期缺乏某种维生素，就会引起生理机能障碍而发生某种疾病。一般由食物中取得。现在发现的有几十种，如维生素A、维生素B、维生素C等。

锰参与多种酶的组成，影响酶的活性。体外实验证明有上百种酶可由锰激活，有水解酶、脱羧酶、激酶、转移酶、肽酶等等。

（1）可影响骨骼的正常生长和发育。用缺锰饲料喂养雌性大鼠，所生幼鼠骨骼生长不成比例。四肢骨骼缩短，脊骨弯曲，颅骨也变形。

（2）可影响糖的新陈代谢。豚鼠缺锰后，葡萄糖耐受异常，葡萄糖利用率下降，使胰岛素合成与分泌降低，可能是胰岛素肝细胞受到了破坏。也可见实验动物腹腔和肝脏的脂肪储存明显增加。

（3）锰在维持正常脑功能中必不可缺，与智能发展、思维、情感、行为均有一定关系。缺少时可引起神经衰弱综合征。癫痫病人、精神分裂症病人头发和血清中锰含量均低于正常人。

（4）锰与衰老关系密切。有学者报道，哺乳类动物的衰老可能与锰－过氧化物酶减少引起抗氧化作用降低有关，因而长寿可能与高锰存在某些关系。

（5）锰与癌症的关系已引起人们的关注。在流行病学的调查中可见，癌症患者的锰含量显著低于正常人。在动物诱癌实验中也看到，随着癌瘤的发生与发展，肝、肺中锰含量降低，但肿瘤部位猛含量升高。但总的来看，尚需进行更多的研究。

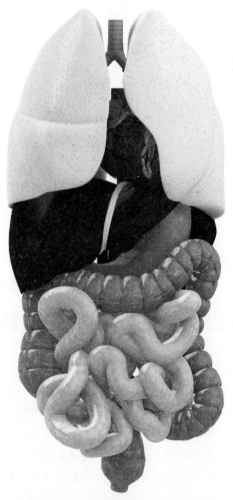

★ 锰通过对人体新陈代谢的影响，间接作用于人体脏器，对整个生命体健康起着不可忽视的作用。

蛋白质：生命功能的执行者

小/档/案

人们常常说没有蛋白质就没有生命体，由此可见蛋白质作为生命物质基础的重要性，那么蛋白质是以什么样的方式存在，又怎样作用于人体呢？

蛋白质这个名词对许多人都不陌生。"高蛋白"几乎成了高营养的代名词。可是蛋白质在生物学上的重要性，倒不在于营养方面，而是因为

相关链接

胃黏膜对胃具有特殊的保护作用，但是它很脆弱，环境、饮食、药物、吸烟、酗酒、细菌感染、情绪变化等，都可对其造成伤害。胃黏膜的损伤与自我修复始终处于动态平衡，只有这样胃才能正常运作。一旦外界给予胃的负担过重或刺激过强，动态平衡就会被打破，胃黏膜受损，很难再恢复如初，随之而来的就是一系列胃部不适的症状，常见的有上腹部不适或疼痛、恶心、呕吐、腹泻、食欲不振等。

★ 蛋白质对于人体至关重要，注意蛋白质的摄入与吸收才能确保身体的健康。

它是生命功能的执行者。可以把生命现象看作是最高级的运动形式，这种运动形式的实现每一步都离不开蛋白质。

近年来还发现人类的记忆、思维等高级神经活动其实质也是蛋白质运动。遗传信息通过控制蛋白质合成而表现出相应性状，但这一过程同样还受蛋白质的调节。由此可见，蛋白质是生命功能的最主要的执行者。

另外蛋白质还是一切生命的物质基础，是肌体细胞的重要组成部分，是人体组织更新和修补的主要原料。人体的每个组织：毛发、皮肤、肌肉、骨骼、内脏、大脑、血液、神经、内分泌等都是由蛋白质组成，所以说饮食造就人本身。蛋白质对人的生长发育非常重要。

人的身体由百兆亿个细胞组成，细胞可以说是生命的最小单位，它们处于永不停息的衰老、死亡、新生的新陈代谢过程中。例如年轻人的表皮28天更新一次，而胃黏膜两三天就要全部更新。因此，一个人如果蛋白质的摄入、吸收、利用都很好，那么皮肤就是光泽而又有弹性的；反之，人则经常处于亚健康状态。组织受损后，包括外伤，不能得到及时和高质量的修补，便会加速机体衰退。

虽然蛋白质对人体有着至关重要的作用，但是要控制在一个合理的范围，蛋白质过多或缺乏都会对人体健康形成危害。

人体蛋白质过量表现

蛋白质，尤其是动物性蛋白摄入过多，对人体同样有害。首先过多的动物蛋白质的摄入，就必然摄入较多的动物脂肪和胆固醇。其次蛋白质过多本身也会产生有害影响。因为正常情况下，人体不储存蛋白质，所以必须将过多的蛋白质脱氨分解，氨则由尿排出体外，这加重了代谢负担，而且，这一过程需要大量水分，从而加重了肾脏的负荷，若肾功能本来不好，则危害就更大。过多的动物蛋白摄入，也造成含硫氨基酸摄入过多，这样可加速骨骼中钙质的丢失，易产生骨质疏松。

人体蛋白质缺乏症

蛋白质缺乏在成人和儿童中都有发生，但处于生长阶段的儿童更为敏感。蛋白质的缺乏常见症状是代谢率下降，对疾病抵抗力减退，易患病，远期效果是器官的损害，常见的是儿童的生长发育迟缓、体质下降、淡漠、易激怒、贫血以及干瘦病或水肿，并因为易感染而继发疾病。蛋白质的缺乏，往往又与能量的缺乏共同存在即蛋白质－热能营养不良，蛋白质缺乏为两种：一种指热能摄入基本满足而蛋白质严重不足的营养性疾病，称加西卡病；另一种即为"消瘦"，指蛋白质和热能摄入均严重不足的营养性疾病。

·知识链接·

含硫氨基酸共有蛋氨酸、半胱氨酸和胱氨酸三种，蛋氨酸可转变为半胱氨酸和胱氨酸，半胱氨酸和胱氨酸在一定条件下也可以相互转化，但它们在灵长类以及豚鼠等动物的体内都不能转化为蛋氨酸，其他大多数动物都可以自己合成甲硫氨酸。蛋氨酸是人体的必需氨基酸，半胱氨酸和胱氨酸则是非必需氨基酸。

专题讲述
人体中化学元素含量与健康

人体中含有多种微量元素，正是它们的合理分布，才保证了生命体的健康运行。不过尽管它们的作用是积极的，但是它们在人体的数量却是需要控制在一个合理的范围的，否则则会起到相反的作用。

钙、镁、锌等化学元素是构成人体所不可或缺的"成分"，它们的作用固然重要，但也不是多多益善，只有将它们控制在一个合适的范围，才

★ 人体中化学元素的补充通过合理膳食就能够获取。

能实现它们对人体的真正价值。

多一分则多，少一分则少，那么究竟这些元素该处于怎样的数值范围才算正常呢？如果缺乏这些元素又会引起哪些症状？又怎么通过日常食物摄入来补充这些元素呢？

下面告诉你答案。

1.关于钙

（1）人体正常值

①成人正常值：男为988.3微克/克；女为1 080.3微克/克。

②儿童正常值：男为813.2微克/克；女为885.4微克/克。

（2）钙缺乏时可引起的症状

钙缺乏容易引起软骨瘤质、骨质疏松、佝偻病、坐骨神经痛、龋齿、白发、肌肉痉挛、心肌功能下降、心脏病、生殖能力下降、痛经、神经兴奋性增强、精神失调、记忆力下降、易于疲劳、过敏反应、增加肠癌患病率、高血压、骨骼畸形、痉挛。

（3）建议摄入食物

蛋类、贝壳类、黄豆、奶类、坚果、海带、黑木耳、牛肉、鱼虾等。

★ 很多食物都含有丰富的钙质,所以合理膳食就是补钙的最佳途径。

2.关于镁

(1) 人体正常值

①成人正常值:男为75.3微克/克;女为73.6微克/克。

②儿童正常值:男为64.0微克/克;女为65.7微克/克。

(2) 镁缺乏时可引起的症状

镁缺乏容易引起心肌坏死、心肌梗死、并发生代谢性碱中毒、动脉硬化、心血管病、胃肿瘤,关节炎、胃结石、白血病、糖尿病、白内障、听觉迟钝及耳硬化症,器官衰老症,骨变形,膜异常,结缔组织缺陷,惊厥。

(3) 建议摄入食物

紫菜、荷叶、香蕉、桂圆、黄

豆、番茄、绿豆、红小豆、玉米、番石榴、蜂蜜、燕麦等。

3.关于锌

(1) 人体正常值

①成人正常值:男为124.3微克/克;女为131.2微克/克。

②儿童正常值:男为110.0微克/克;女为112.3微克/克。

(2) 锌缺乏时可引起的症状

锌缺乏容易引起食欲不振、味觉减退、嗅觉异常、生长迟缓、侏儒症,智力低下、溃疡、关节炎、脑腺萎缩、免疫功能下降、生殖系统功能受损、创伤愈合缓慢、容易感冒、流产、早产、生殖无能、头发早白、脱发、视神经萎缩、近视、白内障、老年黄斑变性、老年人加速衰老、缺血症、毒血症、肝硬化。大多数疾病和癌症病人血锌含量降低。

(3) 建议摄入食物

牡蛎、动物肝脏、鱼虾、高锌鸡蛋、板栗、豆类、核桃、红枣、黄

★ 据分析,相比于其他食物,海产中比如牡蛎含锌量相对最高。

★ 菠菜中含有丰富的铁元素。

鳝、萝卜、海参等。

4.关于铁

（1）人体正常值

①成人正常值：男为38.20微克/克；女为32.30微克/克。

②儿童正常值：男为32.05微克/克；女为27.25微克/克。

（2）铁缺乏时可引起的症状

铁缺乏容易引起贫血，使细胞色素和含铁酶的活性减弱，以致氧的运输供应不足，使氧化还原、电子传递和

★ 铜元素缺乏容易引起关节炎。

能量代谢过程发生紊乱、免疫功能降低、影响生长发育。同时也能够造成四肢无力、精神倦怠、食欲不振、容易感冒、脸色苍白、头痛心惊以及口腔炎等。

（3）建议摄入食物

猪血、瘦肉、菠菜、贝类、黑豆、动物内脏、蛋黄、红枣、海带、黑木耳等。

5.关于铜

（1）人体正常值

①成人正常值：男为10.10微克/克；女为11.40微克/克。

②儿童正常值：男为11.85微克/克；女为11.70微克/克。

（2）铜缺乏时可引起的症状

铜缺乏容易引起营养不良、贫血、中性白细胞减少症、中枢神经系

★ 茶中含有丰富的锰元素。

殖功能受抑。并且可能引发糖耐量降低、暂时性皮炎、先天性畸形、内耳失衡、遗传性运动失调、肝癌。

（3）建议摄入食物

大豆、茶叶、麦类、紫菜、苋菜、粟、核桃、荷叶、黑木耳、海带。

7.关于锶

（1）人体正常值

①成人正常值：男为2.18微克/克；女为2.63微克/克

②儿童正常值：男为1.84微克/克；女为2.10微克/克。

（2）锶缺乏时可引起的症状

锶缺乏容易引起骨折难愈合，副甲状腺功能不全等原因引起的抽搐

统退化、骨骼缺陷以及血清胆固醇升高、心血管损伤、不育、免疫功能受损、溃疡、关节炎、甚至动脉异常、脑障碍、生长迟缓、情绪容易激动等。

（3）建议摄入食物

荞麦、牡蛎、谷物、南瓜、动物肝脏、鱼类、乳品、虾皮、莲子、蘑菇、黑芝麻等。

6.关于锰

（1）人体正常值：

①成人正常值：男为4.27微克/克；女为4.85微克/克。

②儿童正常值：男为3.88微克/克；女为4.12微克/克。

（2）锰缺乏时可引起的症状

锰缺乏容易引起营养不良、生长缓慢、骨和软骨异常、软骨痕疮、智力呆滞、脑机能减退、神经紊乱、生

★ 锶元素缺乏是造成人体骨质疏松的主要原因之一。

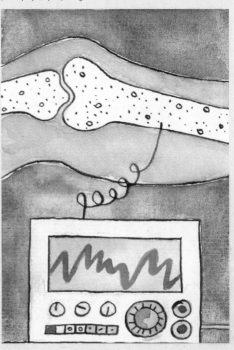

症，血锶明显减少。白发，龋齿，老年性骨质疏松症。

（3）建议摄入食物

小麦、面粉、谷物、山楂、海参、紫菜、黑枣、莴苣、黑芝麻。

8.关于铬：

（1）人体正常值

①成人正常值：男为0.82微克/克；女为0.96微克/克。

②儿童正常值：男为0.96微克/克；女为1.01微克/克。

（2）铬缺乏时可引起的症状

当铬摄入量降低时，胰岛素缺乏辅助元素，活性下降，血糖增加，同时胆固醇增加，而蛋白质合成不足，葡萄糖耐量降低，胰岛素功能失常，动脉粥样硬化等心血管病、糖尿病及高血糖症，血脂升高，末梢神经疾病和脑病，冠心病、胆石症。

（3）建议摄入食物

人参、黄芪、鸡、鱼、海产、贝类、海藻、海参、羊肉、南瓜。

9.关于钼

（1）人体正常值

①成人正常值：男为0.38微克/克；女为0.49微克/克。

②儿童正常值：男为0.31微克/克；女为0.38微克/克。

（2）钼缺乏时可引起的症状

钼缺乏容易引起营养不良综合征、生长阻碍、尿酸清除障碍、心血管病、胃溃疡、肾结石、食管癌、痛风性关节炎、阳痿、龋齿。

★ 适当的粗粮摄入，能够很好地调节体内钼元素的含量。

（3）建议摄入食物

粗粮、动物肝肾、黄豆、萝卜缨、核桃、绿豆、红枣、黑芝麻。

10.关于钴

（1）人体正常值

①成人正常值：男为0.06微克/克；女为0.06微克/克。

②儿童正常值：男为0.04微克/克；女为0.05微克/克。

（2）钴缺乏时可引起的症状

钴缺乏容易引起恶性贫血、神经退化，乳汁停止分泌，消瘦，气喘，心血管病，脊髓炎，眼压异常，青光眼。

（3）建议摄入食物

海参、墨鱼、海带、莲子、猪肉、黑枣、黑芝麻。

11.关于硒

（1）人体正常值

①成人正常值：男为0.65微克/克；女为0.75微克/克。

②儿童正常值：男为0.37微克/克；女为0.49微克/克。

（2）硒缺乏时可引起的症状

硒缺乏容易引起心血管病，关节炎、婴儿猝死综合征、蛋白质、能量缺乏性营养不良、溶血性贫血、染色体损伤、白内障、糖尿病性视网膜病、癌症、大骨节病、克山病、高血压、肝脏坏死、缺血性心脏病、胰腺

★ 因为硒缺乏能够引起染色体损伤，而染色体又是生命的决定性因素之一，所以科学补充硒元素是非常必要的。

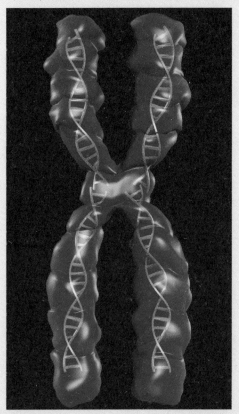

炎、肌肉萎缩症、多发性硬化症等。

（3）建议摄入食物：

泥鳅、鸡肝、海蟹、大蒜、大豆、蘑菇、田鸡、蚕蛹、金花菜、洋葱等。

12.关于镍：

（1）人体正常值

①成人正常值：男为0.84微克/克；女为0.76微克/克。

②儿童正常值：男为0.24微克/克；女为0.34微克/克。

（2）镍缺乏时可引起的症状

镍缺乏容易引起肝硬化、慢性尿毒症，肾衰竭，肝脂质、磷质代谢异常，减少氮的利用，降低铁的代谢。

（3）建议摄入食物

黄瓜、茄子、洋葱、海带、金针菜、红枣、莲子、牛肉。

13.关于铅

（1）人体允许值

①成人允许值：男为7.14微克/克；女为7.42微克/克。

②儿童允许值：男为7.35微克/克；女为7.82微克/克。

（2）铅过多时可引起的症状

智力低下、易激动、多动、注意力短暂、攻击性行为、反应迟钝、贫血、心率失常、糖尿、脑炎、神经炎、高血压、死胎、流产、不孕、癌症、影响维生素D、Ca（钙）、Zn（锌）、Cu（铜）的吸收。

（3）建议摄入食物

海参、海蜇、海带、紫菜、刺

梨、猕猴桃、沙棘、水果。

14.关于镉

（1）人体允许值

①成人允许值：男为0.42微克/克；女为0.36微克/克。

②儿童允许值：男为0.22微克/克；女为0.20微克/克。

（2）镉过多时可引起的症状

严重影响儿童智力发育，导致神经系统功能紊乱。危害胎盘发育、引起慢性支气管炎、肺气肿、蛋白尿、肾炎、肾结石、动脉高血压、毒血症、癌症、衰老。

（3）建议摄入食物

海蛎、羊肉、蘑菇、干枣、核桃、大蒜、海带、水果。

15.关于铝

（1）人体允许值

①成人允许值：男为56.4微克/克；女为76.2微克/克。

②儿童允许值：男为53.4微克/克；女为69.20微克/克。

（2）铝过多时可引起的症状

现已明确将它划入有害元素。铝元素过多会造成胎儿生长停滞、致畸、脑损伤、早老性痴呆症、神经性和行为性退化、超氧化物歧化酶（SOD）活性降低、加速人的衰老。

（3）建议摄入食物

海蜇、海带、黑芝麻、大蒜、芹菜、山楂、水果。

★ 工业污染往往造成环境中铅含量超标，而这又会通过各种途径进入人体，对人体造成危害。

如果把人类对化学的漫长探索过程看做一次发现之旅，那么无疑这个旅程上不会枯燥乏味。因为有诸多关于化学的故事发生，它们或许惊险，或许幽默，但正是伴随着这些小故事的发生，一个个化学真理被发现！

它们是求知路上的插曲，更是化学发现的见证。

青少年科普馆

化学故事

由猫"操作"的实验：发现碘

小/档/案

　　人们探索科学、发现科学的路上总是充满着各种各样的趣味；往往一些偶然也能带来意想不到的收获。比如碘的发现，就是源自一只小猫的捣乱。

　　西方的一些化学史研究者们总是很风趣地说：碘是由小猫发现的。果真有这样的事吗？说起来，这里还有一段故事。

　　18世纪末到19世纪初，由于拿破仑发动战争需要大量的硝酸钾制造火药，使硝酸钾的生产和供应紧俏起来，当时便有许多人开办生产硝酸钾的工厂。住在法国巴黎附近的一个名叫库尔特瓦斯的药剂师也是其中之一。他从海里捞取了大量的海藻，把

★ 制取海藻灰的海藻。

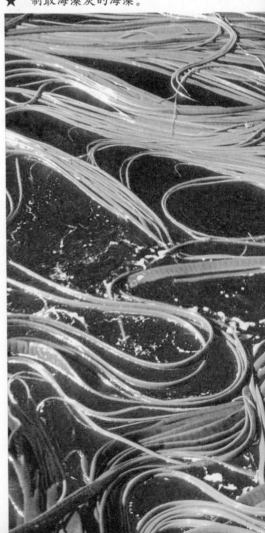

相关链接

　　拿破仑·波拿巴（1769—1821），法兰西第一共和国执政、法兰西第一帝国皇帝。他多次击败保王党的反扑和反法同盟的入侵，捍卫了法国大革命的成果。他颁布的《民法典》更是成为了后世资本主义国家的立法蓝本。他执政期间创造了一系列军事奇迹，但是从1812年兵败俄国开始走向衰败，1814年被反法联军赶下台。1815年复辟，随后兵败滑铁卢，被流放到圣赫勒拿岛，1821年病逝。

它们烧成灰，用水浸泡后制成海藻灰溶液，然后和天然硝石(硝酸钠)混合，并最终制成硝酸钾。

1811年的一天，库尔特瓦斯按照惯例，将海藻灰溶液和硝石混合后进行蒸发。溶液中的水越来越少，白色的氯化钠结晶析出来了，接着硫酸钾也析出来了。在这之后，只要加入少量硫酸，把其他杂质析出来，就可以得到比较纯净的硝酸钾溶液了。

库尔特瓦斯平时都习惯将装有浓硫酸的瓶子放在盛有海藻灰溶液的盆子旁边。这一天库尔特瓦斯正在吃饭，这时，他宠爱的一只小猫跑进了屋子，并且跳到他的肩上。库尔特瓦斯伸手正要去抱一抱这只淘气的小猫，小猫却猛地跳了下来，它的爪子碰倒了装浓硫酸的瓶子，瓶子里的硫酸又不偏不倚地全部流进了盆子里。库尔特瓦斯很是生气，正想惩罚这只惹祸的猫，可是眼前却出现了一个非常奇异的现象：一缕缕紫色的蒸气像一朵美丽的云彩从盆里冉冉升起。伴随着这些紫色蒸气，一股难闻的气味也开始在屋子里弥漫，库尔特瓦斯连忙拿过一块玻璃片放在蒸气上面。

他认为这样的操作一定会有许多晶莹的紫色液滴凝聚在玻璃片上。可是令他意外的是，紫色蒸气遇到冷的玻璃后，并没有凝结成小水珠，而是变成了紫黑色闪烁着金属光泽的晶体。库尔特瓦斯马上被这些从没见过的紫色晶体吸引住了，也忘记了吃饭和惩罚"犯错"的小猫，一头钻进自己的小实验室，夜以继日地反复试验研究，最后终于弄明白了，原来这种紫色气体是海藻中含有的尚未被人们发现的新元素。于是他请科学界的朋友们帮忙鉴定，法国化学家盖·吕萨克将其命名为"碘"。由此碘元素正式被发现、并开始走入人们的生活。

·知识链接·

碘的应用：碘主要用于制药物、染料、碘酒、试纸和碘化合物等。碘酒就是用碘、碘化钾和乙醇制成的一种药物，棕红色的透明液体，有碘和乙醇的特殊气味。碘酸钾是制碘盐的材料。

★ 紫色的碘。

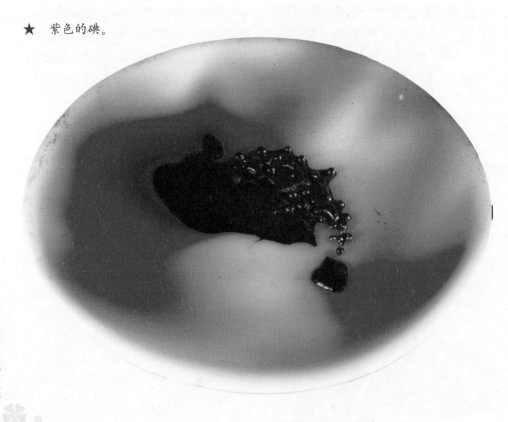

查封假药：镉元素意外"出世"

化学元素是化学组成的重要部分，而化学元素的发现，更是充满传奇色彩。其中镉的发现过程就是一个鲜明的例子。看似与化学无关的一次"打假"行动，却意外将镉元素引向公众的视线。

1817年，德国许多药店出售的氧化锌，都被政府药品检察官证明是用碳酸锌冒充的假药而没收销毁。这种冒牌的"氧化锌"经煅烧后呈黄色，有毒。

为了彻底清查这类假药，政府特意委派革丁根大学化学兼药剂学教授斯特罗迈厄为药商视察专员。在实际检查过程中，斯特罗迈厄在查出假药后并没有简单地销毁了事，而是开展了进一步的调查。经过询问，斯特罗迈厄得知这些假药的原药几乎都是由萨尔奇特地方的化学药品制造厂生产的。为了掌握药商们用碳酸锌替代氧化锌的原因与目的，斯特罗迈厄特地前往调查。

在萨尔奇特制造碳酸锌的化学药品制造厂，他仔细地视察了车间的每个生产环节。该厂负责人介绍："我们生产用的碳酸锌一经烧至红热时，即出现黄色，我们也怀疑是否含有铁或铅等杂质，但是生产前我们已经除去了铁和铅，而且在成品检查中也没发现铁和铅。"

生产氧化锌通常都是以菱锌矿做原料，经过提纯后制成碳酸锌，再将碳酸锌烧灼后生成氧化锌。碳酸锌和氧化锌都是白色的，为什么由萨尔奇特生产的碳酸锌加热后却变成黄色？这一不寻常的现象立刻

相关链接

碳酸锌在医药上用作皮肤保护剂，在饲料中用于补锌剂，在工业上用作轻型收敛剂和乳胶制品，配制炉甘石洗剂，还可用于生产人造丝、化肥行业的脱硫剂、催化剂的主要原料，在橡胶制品、油漆及其他化工产品中也可广泛应用，在石油钻井中，它能与H_2S反应生成稳定的不溶性ZnS，且将碳酸锌加入泥浆后不影响泥浆性能，因而可有效地消除H_2S的污染和腐蚀，用作含H_2S油气井的缓蚀剂，除硫剂。

引起了斯特罗迈厄的好奇。他从药厂带回碳酸锌的样品，仔细地加以研究。他想到，这种颜色的差异是否意味着有某种特别的金属氧化物或硫化物存在呢？他决心寻找这种猜测中的新的金属。

斯特罗迈厄将未经提纯的氧化锌溶于硫酸中，通入硫化氢气体，即有混合的硫化物沉淀出来，将沉淀物滤出，充分洗涤后，溶于浓盐酸中，然后蒸发至干，用来出去多余的酸。蒸发后所得的残渣再用水溶解，加入过量的碳酸氢铵，使沉淀物中的硫化锌

·知识链接·

镉对人体的危害：镉会对呼吸道产生刺激，长期暴露会造成嗅觉丧失症、牙龈黄斑或渐成黄色圈，镉化合物不易被肠道吸收，但可经呼吸被体内吸收，积存于肝或肾脏造成危害，尤以对肾脏损害最为明显。还可导致骨质疏松和软化。

和硫化铜重新溶解。这时斯特罗迈厄发现在沉淀物中出现一种黄色的硫化

★ 化学研究让人们能够更好地了解物质的性能，这为医药生产带来了巨大的便利。

物，在过量的碳酸氢铵中并不溶解。斯特罗迈厄进而推断，这可能就是他所要寻找的新元素的硫化物。他用过滤法将这种黄色的硫化物取出来，清洗后灼烧，成为氧化物，这种氧化物呈棕褐色。斯特罗迈厄将它和碳粉混合，放在玻璃曲颈瓶中加热。冷却后，发现瓶底有带光泽的蓝灰色金属。于是一种新的金属就这样被发现了。

斯特罗迈厄从氧化锌中发现了这一新元素，便以含锌的矿石——菱锌矿的含义，把这一新元素命名为镉。

在这不久之后，德国化学家迈斯耐尔和卡尔斯顿也分别独立地发现了这种元素。有趣的是德国医生罗洛也来凑热闹，对发现镉元素的优先权提出了挑战。关于这一元素的命名，卡尔斯顿建议用硫化物的颜色。也就是"黄色"的含义来给它命名，同时还有人提出用某个行星的名称来命名，但都未被采用，而斯特罗迈厄所率先确定的"镉"则成为人们普遍的认同。

★　很难想象，化学世界镉元素的发现，竟然是源自一次看似毫不相干的"药品打假"。

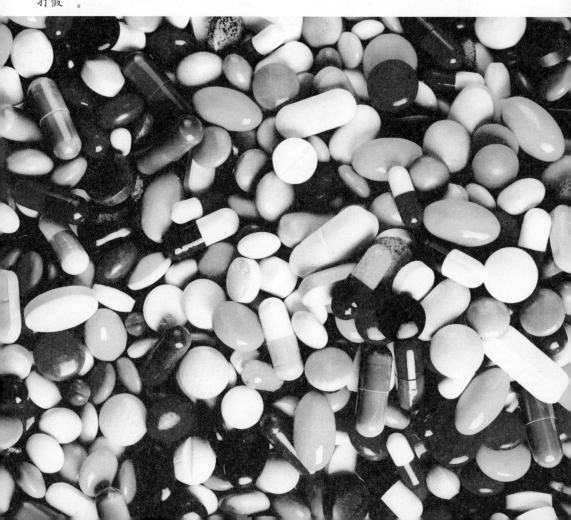

生日晚餐上的甜牛排：糖精的发明

小/档/案

糖精是人们经常使用的一种食品添加剂，人们对于它可以说并不陌生，但是相信没有几个人知道它的诞生是源自一块牛排。

俄国化学家法利德别尔格，在美国巴尔的摩大学工作，这位名气不大却对科学有着天生痴迷的化学家，整天躲在化学实验室里埋头研究。

这一天，一个实验在反复了数次之后，终于有了结果，他愉快地拿出插在口袋里的铅笔，在实验记录上写下了实验结果和相关数据。当他往口袋里插铅笔的时候，不经意地看了一眼墙上的挂钟：晚上8点！

他猛然记起，今天是他的生日，家里一定来了不少亲朋，而妻子早晨还特别嘱咐他晚上早点回去。于是，他匆忙收拾一下实验器材，随手抓起一件外衣就匆忙地赶回家去。一进门，亲友们都向他祝贺。寒暄之后，宾主依次落座，法利德别尔格的妻子已经在厨房做好了美味的菜肴。

席间一位朋友问法利德别尔格："听说你最近在研究人造香料？"

"不，我在做芳香族磺酸化合物的实验，还谈不上研究。"法利德别尔格简单地应对。

"哦，什么叫芳香族……"这个朋友似乎很感兴趣一样，继续问道。

★ 或许连法利德别尔格都不知道，他的这次研究竟然意外促成了糖精的发明。

化学发现之旅

相关链接

香料是一种能被嗅觉嗅出香气或被味觉尝出的香味的物质，是配制香精的原料。香料是精细化学品的重要组成部分。香料又俗称大料。

"这是化学上的术语。"法利德别尔格觉得说不清楚，便顺手从口袋中取出从实验室里带回的那支铅笔，在报纸的一角写下"芳香族磺酸化合物"几个字。

此时，法利德别尔格的妻子正端上热腾腾的炸牛排和香酥鸡。法利德别尔格停下了他们的谈话，热情地招呼大家品尝。

★ 糖精发明之后，使人们能够品尝到越来越多甜美的糕点。

"好甜的炸牛排啊！"一位朋友吃了一口牛排突然说。

"香酥鸡也是甜的。"又有人说。

法利德别尔格的妻子以为是餐具上不小心沾上了糖水，于是连忙给客人更换餐具。

后来晚餐结束了，法利德别尔格送走了客人。夫妇俩坐在沙发上，谈论着那个奇怪的甜味是怎么来的。他妻子说她没有加过糖。

于是带着疑惑，法利德别尔格走进厨房，拿起客人换下的餐具用舌头舔舔，又端起装过牛排和香酥鸡的盘子，在盘子的四周舔了一下。然后百思不得其解地回到沙发上，竟举起双手，先用舌头舔了右手，又舔左手，接着又从口袋里拿

出那支铅笔，用舌头舔了舔。立刻兴奋地大声叫起来："毛病就出在铅笔上，就出在这支铅笔上。"

原来，当法利德别尔格尝了朋友用过的餐具后，发现盘子边上有一块带甜味的地方。这是他曾经端盘子的手指处。而他的手曾经拿过在实验室里用过的铅笔。也就是说，铅笔上的甜味，是在实验室里沾上的。

第二天天刚亮，法利德别尔格就兴冲冲地跑回了他的实验室，他仔细地检查实验时用过的器皿。兴奋的他一边工作，一边记录并不停地自言自语："这真是一件了不起的发明啊！"

从此以后，法利德别尔格集中全部精力，专心致志地研究这个项目，终于从煤焦油里提出一科带甜味的物质——糖精。而这正是那天生日晚宴上，让牛排变甜的奥秘所在。

·知识链接·

糖精的优缺点：糖精的甜度为蔗糖的300倍到500倍，它不被人体代谢吸收，在各种食品生产过程中都很稳定。缺点是风味差，有后苦，这使其应用受到一定限制。

★ 或许连法利德别尔格都不知道，他的这次研究竟然意外促成了糖精的发明。

本生与"指纹"：开创化学新时代

小/档/案

德国著名的化学家本生在化学领域取得了巨大的贡献，成为人类科学巨人。对于化学，他有着自己的研究技法，那就是"指纹"。正是凭借它，让本生在化学之路上越走越远。

早在1758年，科学家们就注意到，在火焰上撒些钠盐，火头立刻蹿起明亮的黄色，撒些钾盐则呈现紫色。其他的金属盐类在火上灼烧也会使火焰"染上"不同的颜色。

过了将近半个世纪，德国著名的化学家本生也注意到了上述现象，并受到启发。他想，能不能通过观察物质在火焰上的颜色来判断它有哪些颜色呢？于是本生从早到晚、不厌其烦地做了一次又一次实验，最后终于掌握了各种金属及其盐类在火焰中特有的颜色：钾使火焰呈紫色，钠使火焰呈黄色，锶盐是洋红色，钡盐是黄绿色……本生高兴极了，他认为自己已经发现了一种最重要的化学方法。这种简便的方法，不仅可以分析地球上的物质成分，而且可以分析遥远星球上的物质成分。

可是，当本生试图用这种方法去鉴别物质成分时，却遇到了困难，因为含有多种元素的物质在火焰中呈现的多种颜色混在一起，特别是钠的黄色火焰，几乎把所有物质的火焰的颜色都掩盖了，使人难以辨认。

正当本生为此而冥思苦想、不知道到底该怎么办的时候，他的亲密朋友物理学家基尔霍夫告诉本生，三棱镜能把光的颜色分开，白色的阳光通过三棱镜时会分成七色光带。本生听了又惊又喜，激动万分，他大叫："找到了！找到了！"于是，他立即将这个方法应用到实验中去。

本生与基尔霍夫密切合作，果然，火焰的光透过三棱镜后被分成了若干条不同颜色的线：钠有两条明亮的黄色，锂有一条红色和一条橙色

相关链接

火焰是燃料和空气混合后迅速转变为燃烧产物的化学过程中出现的可见光或其他的物理表现形式，也就是一种物理现象。火焰可以给人带来许多益处，但使用不慎却亦会害人至深。

★ 蔗糖

线……每种元素的色线都是按一定的顺序排列在固定的位置上，即使把几种不同的盐混合后灼烧。其中各种元素特有的彩色线条和位置仍然不会改变。这个研究结果，使本生兴奋不已。他想，这些彩色线条和排列位置不正就是元素的"指纹"吗？只要出现元素特有的"指纹"我就可以查出它的真面目，它就无处逃了。于是，根据元素"指纹"来分析物质成分的方法很快问世了，这种方法被称为"光谱分析法"。

本生不仅用"指纹"来破了一个又一个"案"，而且还用它来找到了新元素。1860年，本生在研究一种矿泉水的时候，先分离出钙、锶、镁、锂等元素以后。将母液滴在火焰上，

用分光镜研究该火焰，发现了两条从来没见过的鲜艳的蓝色谱线，经过详细对比，本生判断其中必有一种新元素存在。于是他将这种新元素命名为"铯"，意思是"天空的蓝色"。后来，本生和基尔霍夫又在一种云母矿中发现了红、黄、绿等数条新谱线，

·知识链接·

光谱分析法：光谱分析法主要有原子发射光谱法、原子吸收光谱法、紫外–可见吸收光谱法、红外光谱法等。根据电磁辐射的本质，光谱分析又可分为分子光谱和原子光谱。

这些线中没有一条是属于当时已知元素的，特别是一条深红色的明线，正好在太阳光谱最红的一端，于是他们判断，这是一种新元素，命名为"铷"，是"最深的红色"之意。

本生的"指纹破案"开创了化学的新时代，为化学的进一步发展作出了巨大贡献。

★ 云母——本生等化学家发现铷元素的"地方"。

解剖青蛙事件：伏打电堆的发明

小/档/案

一只青蛙，一个电池，它们之间会存在联系吗？或许在常人看来它们有些风马牛不相及，但是在意大利医学家伽伐尼以及物理学家伏打等人的手里它们之间确实有联系的。正是这种联系，让伏打发明出了"伏打电堆"，也就是最早的电池。

1780年的一天，意大利科学家伽伐尼在实验室操作解剖青蛙的实验，当无意中他手里的解剖刀碰触到死青蛙的脊背神经时，死青蛙的大腿突然猛烈地抽搐了一下。但就是这一下，就让伽伐尼吓了一大跳，等他回过神来，再试了一下，蛙腿又抽搐了一下，这个现象立刻引起了伽伐尼的好奇。反复研究之后，他发现要是把两种不同的金属接在一起，而把另两端分别与死蛙的肌肉和神经相接触，这个尸体就会抽动。

于是，伽伐尼把这个实验现象连同他的"猜想"写成一篇论文，并很快在刊物上发表了。

这篇并不是非常严谨的论文引起了意大利巴维亚大学的一位著名的科学家伏打的兴趣。伏打读了这篇论文后，在自己的实验室多次重复伽伐尼的实验。伏特将注意力放在了那一对金属线上，而不是青蛙的神经上。伏打推想：是否两种不同的金属接触后就会发生放电的现象呢？于是他开始尝试更多的实验，并设计了一种能检验很小电量的验电器。

★ 一次对青蛙的解剖实验，不经意间引出了"生物电"的概念，并促成了电池的发明。

化学发现之旅

相关链接

伽伐尼：意大利医生和动物学家。1737年9月诞生于意大利的波洛尼亚。他从小接受正规教育，1756年进入波洛尼亚大学学习医学和哲学。1759年从医，开展解剖学研究，还在大学开设医学讲座。1766年任大学解剖学陈列室示教教师。1768年任讲师。1782年任波洛尼亚大学教授。

伏打通过实验证明，只要在两种金属片中间用盐水或碱水浸过的硬纸、麻布、皮革或其他海绵状的东西隔开，再通过金属线把它们连接起来，不管有没有青蛙的肌肉，

★ 从青蛙腿到伏打电堆这种最原始的电池，从生物学跨越到化学与物理学，这就是科学的魔力。

都会有电流通过。这就说明了电的产生并不是从蛙的组织中产生的，蛙腿不过是一种非常灵敏的"验电器"而已。为了证明自己的推断，伏打又利用自己设计的那种精密的验电器，对各种金属进行了试验，于是得出了如下的起电顺序：锌－铅－锡－铁－铜－银－金。这个序列的意思是说：其中任何两个金属相接触，都是位序在前的一种带正电，后面的一种带负电。

大量的实验还让他发现这种"金属对"产生的电流虽然微弱，但是非常稳定。后来他把一对对圆形的铜片和锌片相间地叠起来，每一对铜、锌片之间再搁上一块用盐水浸湿了的麻布片。这时只要用两条金属线各与顶面上的锌片和底面

上的铜片焊接起来，那么两条金属线端点间就会产生些许电压，足以使人感到强烈的"电击"；而金属片对数越多，电力越强；如果把铜片换成银片，那么效果更好。这样产生的电流不仅相当强，而且非常稳定，可供人们研究和利用。后来经过反复改良之后，人们将这种发明称之为"伏打电堆"，也就是最早的电池。

不久之后，伏打又发现当锌、铜片之间的湿布慢慢干燥了的时候，电堆产生的电流也渐趋微弱。于是伏打改用一大串的杯子，里面盛上盐水，每个杯中插入一对铜和锌片，然后用金属线把每个杯中的锌片和另一杯中的铜片用锡焊接起来，这样便得到了更为经久耐用的电池。在这之后，电池开始在科学家的精心改良下，不断取得突破，并相继出现各种不同种类的电池。电池应用也开始向更广阔的领域延伸。

·知识链接·

电流知识：电流，是指电荷的定向移动。电源的电动势形成了电压，继而产生了电场力，在电场力的作用下，处于电场内的电荷发生定向移动，形成了电流。电流的大小称为电流强度，简称电流，是指单位时间内通过导线某一截面的电荷量，每秒通过1库仑的电量称为1安培。

★ 电池的发明，是化学界一项重大的研究成果，对人类文明有着巨大的推动作用。

巧藏诺贝尔奖章：化学置换反应的应用

小/档/案

面对法西斯的迫害与抢掠，千钧一发之际，身为物理学家的玻尔机智地将诺贝尔金质奖章成功藏起来，这里他所运用的就是化学置换反应原理。

丹麦著名的物理学家玻尔，1922年因量子力学和原子结构理论而获得了诺贝尔奖。但是后来第二次世界大战爆发，德国法西斯占领了丹麦，对丹麦实行野蛮的法西斯统治。开始时玻尔对这一切都毫不在意，仍然坚持他的科学研究。可是后来，情况却越来越糟。并且不久玻尔得到消息：德国法西斯马上就要来逮捕他了！于是迫于无奈，玻尔决定立即离开祖国。为了逃避法西斯的迫害，在丹麦抗敌组织的帮助下，玻尔和家人要冒险逃出丹麦首都哥本哈根。

当时情况十分紧迫，玻尔匆忙收拾东西，他只带了一些简单的行装、必需的书籍以及必要的生活用品。至于其他的物品，包括许多心爱的实验仪器都只好留在哥本哈根的住所和实验室里，听天由命。当一切准备就绪，玻尔准备离开时，他突然想起一个非常精致的盒子。

玻尔打开这个华丽、贵重的盒子，一枚闪闪发光的奖章出现在眼前：这正是他1922年获得的诺贝尔奖章。对于他来说，诺贝尔金质奖章比他的生命还要宝贵。这枚奖章不仅是他个人的荣誉和纪念品，同时也是祖国和人民的骄傲！奖章不能失去！可是带在身边也是十分危险的。奖章会使他暴露身份，从而引来杀身之祸。

"绝不能让奖章落在法西斯手里！"玻尔作出了果断决定。可是把它藏在哪里才能确保万无一失呢？

相关链接

法西斯是一种国家民族主义的政治运动，在1933年至1945年统治了德国，在1922年至1943年间的墨索里尼政权下统治了意大利，在1931年至1945年统治了日本。类似的政治运动，包含了纳粹主义，在第二次世界大战期间蔓延整个欧洲。法西斯主义可以视为是极端形式的集体主义，反对个人主义。

★ 德国法西斯在第二次世界大战中为人类带来了巨大灾难，他们发动的战争严重地阻碍了科学发展，并有很多科学家在法西斯的迫害下失去生命。

时间越来越紧迫，玻尔还是一筹莫展。忽然，他的目光落在实验台盛放浓盐酸和浓硝酸的试剂瓶上。他想出了一个绝妙的主意：王水！用王水来保存金质奖章。王水是由一份浓硝酸和三份浓盐酸配制而成的混合酸，可以溶解黄金。

玻尔马上配制了一瓶王水，然后把奖章投入王水中。顷刻之间，金质奖章在王水中逐渐消失了，瓶内是晶莹透明的黄色的液体。玻尔把溶有奖章的酸液放在实验室一个安全的角落，就匆忙离开了首都，趁着夜色开始了逃亡。

果然，这瓶酸液保存在实验室里，丝毫也没引起德国法西斯的怀疑。它在那些强盗的眼皮底下，安然逃过一劫。

后来，德国法西斯战败，第二次世界大战宣告结束。玻尔回到了祖国，到了哥本哈根以后急不可耐地来到实验室。当他看见那瓶溶有奖章的晶莹透明的王水依然还在，心里顿时一块石头落了地。他打开瓶盖，把一些铜屑放进瓶里，铜屑被溶解了，而黄金却又重新析出来，一点也没减

★ 按照一定比例配置成的王水能够将黄金溶解，当向溶解后的黄金溶液中加入铜屑后，黄金能够再次析出。

少。玻尔取出黄金，请工匠重新铸了一枚和原来一模一样的奖章。就这样珍贵的诺贝尔奖章完好地保存下来了。

虽然身为物理学家，但是玻尔所利用的却正是化学领域的置换反应。

·知识链接·

用王水盗取黄金案：2008年4月28日，内蒙古自治区鄂尔多斯市东胜区公安分局刑侦大队破获一宗黄金盗窃案，店老板为了盗取黄金，专门用腐蚀性很强的王水清洗黄金项链。店老板交代，一般黄金等首饰清洗时，先用火烧，将黄金加热去除上面的油渍，然后将烧热的黄金放入盐酸溶液中清洗，这样上面的灰尘就被洗下来，而对黄金本身并没有损耗。但他将清洗溶液换成王水，利用化学反应窃取顾客的首饰黄金，浸泡时间越长窃取的黄金越多。

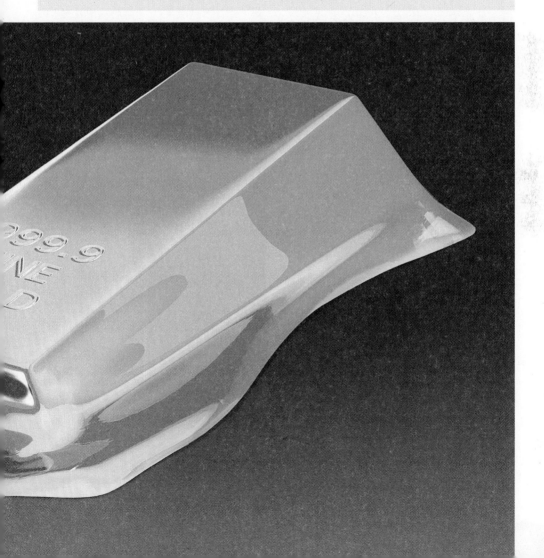

专题讲述

诺贝尔化学奖

瑞典著名的化学家诺贝尔为人类科学作出了巨大的贡献，遵照他的遗嘱所设立的诺贝尔奖时至今日依然激励着人们不断探索科学新知，引领人类社会迈向更高的文明。

诺贝尔化学奖概况

诺贝尔化学奖是诺贝尔奖的奖项之一，根据诺贝尔遗嘱设立，由瑞典皇家科学院从1901年开始颁发。具体颁发日期为每年12月10日，也就是阿尔弗雷德·诺贝尔逝世周年纪念日这一天。

诺贝尔化学奖是为了表彰在化学领域有最重要的发现或发明的人。自设立该奖项以来，从1901年起，每年都会如期颁奖（第一次世界大战与第二次世界大战期间有所中断）。

颁奖年份、获奖者及获奖原因

1901—1909年

1901年，荷兰化学家雅各布斯·亨里克斯·范托夫，发现化学动力学法则和溶液渗透压

1902年，德国化学家赫尔曼·费歇尔，合成了糖类和嘌呤衍生物

1903年，瑞典化学家阿伦尼乌

★ 诺贝尔的故乡，美丽的瑞典小镇。

斯，提出电离理论

1904年，英国化学家威廉·拉姆齐，发现空气中的稀有气体元素，并确定其在周期表里的位置

1905年，德国化学家阿道夫·冯·拜尔，对有机染料以及氢化芳香族化合物的研究，促进了有机化学与化学工业的发展

1906年，法国化学家穆瓦桑，研究并分离了氟元素

1907年，德国化学家爱德华·毕希纳，研究酶以及无细胞发酵等生化反应

★ 化学工业成为现代工业构成中重要的组成部分，而化学工业的发展，正是靠着无数化学家以及化学工作者的默默推动。

罗·萨巴捷，发明有机化合物催化加氢的方法

1913年，瑞士化学家阿尔弗雷德·维尔纳，研究分子内原子成键，开创无机化学研究新领域

1914年，美国化学家西奥多·理查兹，精确测量大量元素的原子量

1915年，德国化学家里夏德·维尔施泰特，研究植物色素，特别是叶绿素

1916年，未发奖

1917年，未发奖

1918年，德国化学家弗里茨·哈伯，研究单质合成氨

1919年，未发奖

1920—1929年

1920年，德国化学家沃尔特·能斯特，研究热力学

1921年，英国化学家弗雷德里克·索迪，研究放射性物质以及同位素

1922年，英国化学家弗朗西斯·阿斯顿，使用质谱仪发现非放射性元素的同位素，阐明整数法则

1923年，奥地利化学家弗里茨·普雷格尔，创立有机化合物微量分析法

1924年，未发奖

1925年，奥地利化学家里夏德·阿道夫·席格蒙迪，对胶体溶液的异相性质的证明，确立了现代胶体化学的基础

1926年，瑞典化学家特奥多尔·斯韦德贝里，研究分散系统

1927年，德国化学家海因里希·奥托·威兰，确定胆汁酸及相关物质的结构

1928年，德国化学家阿道夫·温道

★　一名工作人员在野外探测放射性元素。

斯，对甾类以及它们和维生素之间的关系的研究

1929年，英国化学家阿瑟·哈登、瑞典化学家汉斯·奥伊勒-克尔平，对糖类的发酵以及发酵酶的研究和探索

1930—1939年

1930年，德国化学家汉斯·菲舍尔，对血红素和叶绿素等的研究，特别是血红素的合成

1931年，德国化学家卡尔·博施、弗里德里希·贝吉乌斯，发明与发展化学高压技术

1932年，美国化学家兰格缪尔，对表面化学的研究与发现

1934年，美国化学家哈罗德·尤里，发现重氢(氘)

1935年，法国化学家弗雷德里克·约里奥-居里、伊伦·约里奥-居里，

★　居里夫人研究镭所使用的实验设备。

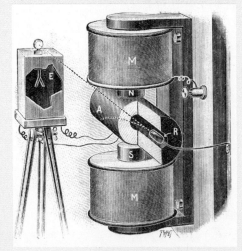

★ 自然界中含有放射性元素的铀矿石。

合成新的放射性元素

1936年，荷兰化学家彼得·约瑟夫·威廉·德拜，通过对偶极矩、X射线和气体中电子衍射的研究来了解分子结构

1937年，英国化学家沃尔特·霍沃思，研究碳水化合物和维生素C；瑞士化学家保罗·卡勒，研究类胡萝卜素、黄素和维生素A、维生素B2

1938年，奥地利化学家里夏德·库恩，研究类胡萝卜素和维生素

1939年，德国化学家阿道夫·布特南特，研究性激素；瑞士化学家拉沃斯拉夫·鲁日奇卡，研究聚亚甲基和高萜烯

1940年，未发奖

1940—1949年

1941—1942年，未发奖

1943年，匈牙利化学家乔治·德海韦西，在化学研究过程中使用同位素作为示踪物

1944年，德国化学家奥托·哈恩发现重核的裂变

1945年，芬兰化学家阿尔图里·伊尔马里·维尔塔宁，研究农业和营养化学，提出饲料储藏法

1946年，美国化学家詹姆士·萨姆纳，发现酶可结晶；美国化学家约翰·霍华德·诺思罗普、温德尔·斯坦利，在生产纯酶和病毒蛋白质方面所作的准备工作

1947年，英国化学家罗伯特·鲁宾逊，研究植物产物，特别是生物碱

1948年，瑞典化学家阿尔内·蒂塞利乌斯，研究电泳现象和对吸附分析，特别是血清蛋白的复杂性质

1949年，美国化学家威廉·吉奥

★ 营养学以及饲料储存法的研究对畜牧业的发展起到了巨大的帮助作用。

克，在化学热力学领域的贡献，特别是对低温状态下的物质的研究

1950—1959年

1950年，德国化学家奥托·迪尔斯、库尔特·阿尔德，发现并发展了双烯合成法

1951年，美国化学家埃德温·马蒂森·麦克米伦、格伦·西奥多·西博格，发现超铀元素

1952年，英国化学家阿彻·约翰·波特·马丁、理查德·劳伦斯·米林顿·辛格，对色谱的研究和发现

1953年，德国化学家赫尔曼·施陶丁格，研究高分子、确立高分子概念

1954年，美国化学家莱纳斯·鲍林化学键的研究

1955年，美国化学家文森特·迪维尼奥，研究含硫化合物，首次合成多肽激素

1956年，英国化学家西里尔·诺曼·欣谢尔伍德、尼科莱·尼古拉耶维奇·谢苗诺夫，研究化学反应机理

1957年，英国化学家亚历山大·R.托德，研究核苷酸和核苷酸辅酶的结构

1958年，英国化学家弗雷德里克·桑格，研究蛋白质，特别是胰岛素的一级结构

1959年，捷克化学家雅罗斯拉夫·海罗夫斯基，发现并发展了极谱分析法

1960—1969年

1960年，美国化学家威拉德·利比，发展了使用碳14同位素进行年代测定的方法

1961年，美国化学家梅尔文·卡尔文，研究了植物对二氧化碳的吸收，以及光合作用

1962年，英国化学家马克斯·佩鲁茨、约翰·肯德鲁，研究肌红蛋白的结构

1963年，德国化学家卡尔·齐格勒、意大利化学家居里奥·纳塔，研究聚合物、齐格勒-纳塔催化剂

1964年，英国化学家多萝西·克劳福特·霍奇金，通过X射线在晶体学上确定了一些重要生化物质的结构

1965年，美国化学家罗伯特·伯恩斯·伍德沃德，在有机物合成方面的成就

★ 1952年，凭借对色谱的研究，英国化学家马丁、辛格一起获得了诺贝尔化学奖。

★ 光合作用也叫作光能合成作用，是植物、藻类和某些细菌，在可见光的照射下，经过光反应和碳反应，利用光合色素，将二氧化碳或硫化氢以及水转化为有机物，并释放出氧气（或氢气）的生化过程。

1966年，美国化学家罗伯特·马利肯，研究化学键以及分子的电子结构等

1967年，德国化学家曼弗雷德·艾根以及英国化学家罗纳德·乔治·雷伊福特·诺里什、乔治·波特，研究高速化学反应

1968年，美国化学家拉斯·昂萨格，发现了以他的名字命名的昂萨格倒易关系

1969年，英国化学家德里克·巴顿、挪威化学家奥德·哈塞尔，发展了以三级结构为基础的构象概念

1970—1979年

1970年，阿根廷化学家路易斯·费德里克·勒卢瓦尔，发现糖核苷酸及其在碳水化合物的生物合成中所起的作用

1971年，加拿大化学家格哈德·赫茨贝格，对分子的电子构造与几何形状，特别是自由基的研究

1972年，美国化学家克里斯琴·伯默尔·安芬森，对核糖核酸结构的研究；美国化学家斯坦福·摩尔、威廉·霍华德·斯坦，对核糖核酸分子的催化活性与其化学结构之间的关系的研究

1973年，德国化学家恩斯特·奥托·菲舍尔、英国化学家杰弗里·威尔金森，研究金属有机化合物

1974年，美国化学家保罗·约翰·弗洛里，在理论与实验两个方面的、高分子物理化学的基础研究

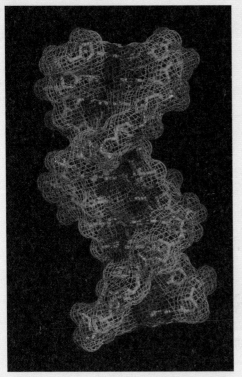

★ 人类通过对核糖核酸的研究，逐渐对生命遗传等有了更深入的认识。

1975年，澳大利亚化学家约翰·沃卡普·康福思、研究酶催化反应的立体化学；瑞士化学家弗拉迪米尔·普雷洛格，研究有机分子和反应的立体化学

1976年，美国化学家威廉·利普斯科姆，研究硼烷结构

1977年，比利时化学家伊利亚·普里高津，对非平衡态热力学的贡献

1978年，英国化学家彼得·米切尔，为化学渗透理论建立了公式

1979年，英国化学家赫伯特·布朗、德国化学家格奥尔格·维蒂希，将硼和磷及其化合物用于有机合成之中

1980年，美国化学家保罗·伯格，研究核酸的生物化学；美国化学家沃特·吉尔伯特、英国化学家弗雷德里克·桑格，提出核酸DNA序列的确定方法

1980—1989年

1981年，日本化学家福井谦一、美国化学家罗德·霍夫曼，通过前线轨道理论和分子轨道对称守恒原理来解释化学反应的发生

1982年，英国化学家亚伦·克拉格，通过晶体的电子显微术在测定生物物质的结构方面的贡献

1983年，美国化学家亨利·陶布，研究金属配位化合物电子转移机理

1984年，美国化学家罗伯特·布鲁斯·梅里菲尔德，开发多肽固相合成法

★ 对于DNA的相关研究，让人们逐渐破译了生命密码。而1980年美国化学家吉尔伯特和英国化学家桑格正是凭借提出核酸DNA序列的确定方法而一同获得了诺贝尔化学奖。

1985年，美国化学家赫伯特·豪普特曼、杰罗姆·卡尔勒，在测定晶体结构的直接方法上的贡献

1986年，美国化学家达德利·赫施巴赫、美籍华人化学家李远哲、加拿大化学家约翰·波拉尼，研究化学基元反应的动力学过程

1987年，美国化学家唐纳德·克拉姆、法国化学家让-马里·莱恩、美国化学家查尔斯·佩特森，研究和使用对结构有高选择性的分子

1988年，德国化学家约翰·戴森霍费尔、罗伯特·胡贝尔、哈特穆特·米歇尔，确定光合作用中心的三维结构

★ 核磁共振成像仪是对核磁共振的医学应用，成为临床诊疗过程中医生的"得力助手"。

1989年，美国化学家西德尼·奥特曼、托马斯·切赫，发现核糖核酸催化性质

1990—1999年

1990年，美国化学家艾里亚斯·詹姆斯·科里，开发了计算机辅助有机合成的理论和方法

1991年，瑞士化学家理查德·恩斯特，对开发高分辨率核磁共振的贡献

1992年，美国化学家罗道夫·阿瑟·马库斯，对创立和发展电子转移反应的贡献

1993年，美国化学家凯利·穆利斯、加拿大化学家迈克尔·史密斯，研究DNA化学，开发了聚合酶连锁反应

1994年，美国化学家乔治·安德

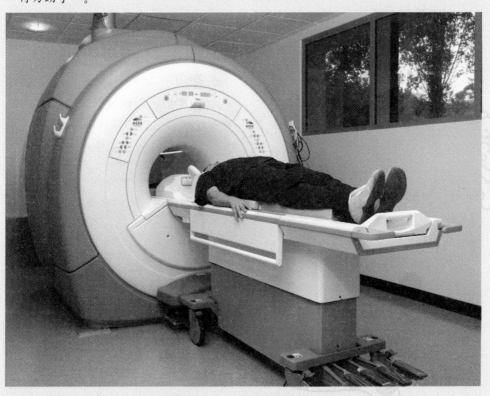

鲁·欧拉，研究碳正离子化学

1995年，荷兰化学家保罗·克鲁岑、墨西哥化学家马里奥·莫利纳、美国化学家弗兰克·罗兰，研究大气化学

1996年，美国化学家罗伯特·苛尔、理查德·斯莫利以及英国化学家哈罗德·沃特尔·克罗托，发现富勒烯

1997年，美国化学家保罗·博耶、英国化学家约翰·沃克尔，阐明了三磷腺苷合成酶的机理；丹麦化学家延斯·克里斯汀·斯科，发现离子传输酶、钠钾离子泵

1998年，美国化学家沃特·科恩，研究密度泛函理论；英国化学家约翰·波普，研究量子化学计算方法

1999年，美国化学家艾哈迈德·兹韦勒，用飞秒激光光谱对化学反应中间过程的研究

2000—2009年

2000年，美国化学家艾伦·黑格、美国/新西兰化学家艾伦·麦克迪尔米德、日本化学家白川英树对导电聚合物的研究

2001年，美国化学家威廉·诺尔斯、日本化学家野依良治手性催化还原反应；美国化学家巴里·夏普莱斯手性催化氧化反应

2002年，瑞士化学家库尔特·维特里希、美国化学家约翰·贝内特·芬恩、日本化学家田中耕一，研究生物大分子的鉴定和结构分析方法

2003年，美国化学家彼得·阿格雷、罗德里克·麦金农，发现细胞膜中的水通道以及研究离子通道

2004年，以色列化学家阿龙·切哈诺沃、阿夫拉姆·赫什科、美国化学家欧文·罗斯，发现泛素调解的蛋白质降解

2005年，美国化学家罗伯特·格拉布、理查德·施罗克、法国化学家伊夫·肖万，研究烯烃复分解反应

2006年，美国化学家罗杰·科恩伯格，研究真核转录的分子基础所作

2007年，德国化学家格哈德·埃特尔，研究表面化学

2008年，日本化学家下村脩以及美国化学家马丁·查尔菲、钱永健，发现和改造绿色荧光蛋白

2009年，以色列化学家阿达·约纳特、英国化学家万卡特拉曼·莱马克里斯南、美国化学家托马斯·施泰茨，研究核糖体结构和功能等

2010—

2010年，美国化学家理查德·赫克以及日本化学家根岸英一、铃木章，钯催化偶联反应的发现和研究

2011年，以色列化学家丹·谢赫特曼发现准晶

★ 一切化学成就的取得，都是建立在大量实验研究的基础之上的。

化 学 应 用

　　科学的价值在于对生活的改变，从生活中来，到生活中去，往往就是科学的发现与应用过程。化学也不例外，它在生活中的应用更显多面，并且如果把生活比作一例化学反应，那么化学就是这例反应里的催化剂。

卤水点豆腐：电解质对氨基酸的影响

"一物降一物，卤水点豆腐。"这句俚语相信多数人都听过，但是对于"卤水点豆腐"的奥妙却很少有人知道。其实，这里面隐藏着一个化学知识。

如果你注意一下豆腐坊里做豆腐的情形，就会发现：人们总是用水把黄豆浸泡好，磨成豆浆，煮沸，然后进行点卤——往豆浆里加入盐卤。这时就有许多白花花的东西析出来，一过滤，就制成了豆腐。

盐卤既然喝不得，为什么做豆腐却要用盐卤呢？

原来，黄豆最主要的化学成分是蛋白质。蛋白质是由氨基酸所组成的高分子化合物，在蛋白质的表面上带有自由的羧基和氨基。由于这些基对水的作用，使蛋白质颗粒表面形成一层带有相同电荷的水膜的胶体物质，使颗粒相互隔离，不会因碰撞而粘结下沉。

点卤时，由于盐卤是电解质，它们在水里会分成许多带电的小颗粒——正离子与负离子，由于这些离子的水化作用而夺取了蛋白质的水膜，以致没有足够的水来溶解蛋白

★ 传统的豆腐制作过程中，点卤水是关键的一个环节。

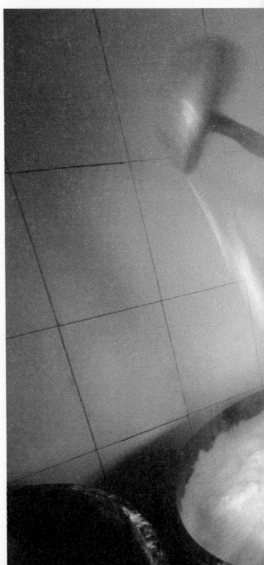

伽伐尼：意大利医生和动物学家。1737年9月诞生于意大利的波洛尼亚。他从小接受正规教育，1756年进入波洛尼亚大学学习医学和哲学。1759年从医，开展解剖学研究，还在大学开设医学讲座。1766年任大学解剖学陈列室示教教师。1768年任讲师。1782年任波洛尼亚大学教授。

质。另外，盐的正负离子抑制了由于蛋白质表面所带电荷而引起的斥力，这样使蛋白质的溶解度降低，而颗粒相互凝聚成沉淀。这时豆浆里就出现了许多白花花的东西了。

盐卤里有许多电解质，主要是钙、镁等金属离子，它们会使人体内的蛋白质凝固，所以人如果多喝了盐卤，就会有生命危险。

豆腐作坊里有时不用盐卤点卤，而是用石膏点卤，道理也一样。

★ 经过卤水的神奇一点，白嫩的豆腐就形成了，虽然看似简单，但是这里面却蕴藏着化学知识呢。

·知识链接·

　　有关豆腐：豆腐是我国的一种古老传统食品，在一些古籍中，如明代李时珍的《本草纲目》、罗颀的《物原》等著作中，都有豆腐之法始于汉淮南王刘安的记载。中国人首开食用豆腐之先河，在人类饮食史上，树立了嘉惠世人的丰功。

灭火器：哪里失火哪里有我

火为人类带来了光明与温暖，但同时它也带来了灾难。火灾成为人们生活中不得不时刻警惕的威胁。而随着人们科学知识的积累，越来越多的灭火工具也被发明出来，而这其中，很多灭火器内所应用的物质就是化学物质。

家里煮饭、取暖，工厂里烧锅炉，都少不了火。人离了火是不行的。但是如果用火时不小心，就会造成火灾。因此，我们必须注意防火，在发生火灾时，要会使用灭火器，及时把火扑灭。

新建住宅的门框边，往往挂着一个密封的玻璃球，那是四氯化碳灭火弹。

学校、商店、工厂里，在显眼的地方，墙上都挂着刷红漆的钢筒，那是泡沫灭火器。油漆店、汽油站、化学实验室的灭火器常常连着一个喇叭口的圆筒。发生火灾时，在报告消防队的同时，要迅速从墙上摘下灭火器，赶到现场。只要把灭火器倒立过来，马上就会有一股强大的气流从喷

★ 火的使用，结束了人类茹毛饮血的历史，将人类带入了新的文明。然而随之而来的火灾却成为潜藏的梦魇，顷刻之间将美好化作灰烬。

"灭火弹"分大中小型三种，小型覆盖面积约20平方米，效果比较理想，其主要材料对环境无毒性污染，制作亦无污气、污水、污物排放，爆炸时对人体、建筑物及其他家私器材等不会造成伤害，只对火源起灭火作用。其适用于家居住宅、机关、学校、商店、娱乐、仓库、码头、车辆、轮胎、飞机及森林等灭火作用。如火势过大及油罐等爆炸引起大火者可选用中、大型"灭火弹"。

嘴里喷射出来，对准火焰扫射，熊熊烈火就可以很快被扑灭了。这股强大的气流是二氧化碳气。它既不燃烧，又不助燃，还比空气重得多。二氧化碳盖在燃烧物质的上面，就像盖了一层棉被，使燃烧物质和空气隔绝开来。燃烧得不到氧气，无法再继续下去。于是火被扑灭了。

灭火器里这么多二氧化碳气是从什么物质变化来的呢？

原来，钢筒里贮藏着两种化学物质：碳酸氢钠和硫酸。平时这两种物质用玻璃瓶隔开分住两处，各不相扰。当灭火器头倒过来时，它俩混到一块儿，发生化学反应，产生大量二氧化碳气。把硫酸换成硫酸铝，再配上点发泡剂，就成为泡沫式灭火机。它也同样产生二氧化碳气流，同时带有大量泡沫，可以飘在油面上帮助灭火。

喇叭口的灭火器，里头不装化学药品，直接装着二氧化碳，那是用强大的压力把二氧化碳压进钢瓶，使它变成液体。二氧化碳气变成液体以后，体积缩小很多。这样，一个不大的钢瓶内的液体二氧化碳，再变成气体时，就可以充满好几个房间。像液化石油气罐一样，灭火器平时紧闭阀门。救火时一拧开阀门，强大的二氧化碳气流就通过连接着的喇叭口向火焰喷去。这带喇叭的圆筒，就是二氧化碳灭火器。

前面说过的灭火弹里装的是四氯化碳。四氯化碳灭火的道理和二氧化碳一样。平时四氯化碳是液体，在火焰附近遇热，很容易变成气体。它比同体积的空气重得多，也能紧紧地包围住火焰，隔断氧气的来路。四氯化碳灭火效果很好，由于它不导电，尤其适用于电线、电器着火时的扑救。居民住宅备上它，有点小火用它来扑灭，见效快，还不污损室内陈设。

·知识链接·

干粉灭火剂：普通干粉灭火剂主要由活性灭火组分、疏水成分、惰性填料组成，疏水成分主要有硅油和疏水白炭黑，惰性填料等种类繁多，主要起防振实、结块，改善干粉运动性能，催化干粉硅油聚合以及改善与泡沫灭火剂的共容等作用。

活性炭：拒绝毒气，捍卫健康

小/档/案

　　自然界中，物质之间往往存在着紧密的联系。第一次世界大战中，化学毒气的使用让英法军队损失惨重，一时之间，化学毒气成为无解的武器。然而当活性炭被使用，这一原本猖狂的杀人工具却顿时失去了嚣张的气焰。

　　1915年，第一次世界大战期间，西方战线的德法两军正处在相持状态。德军为了打破僵局，在4月22日，突然向英法联军使用了可怕的新武器——化学毒气氯气18万千克。英法士兵当场死了5 000人，受伤的多达15 000人。

　　有"矛"必然就会发明"盾"，有化学毒气必然就会发明防毒武器。在两个星期后，军事科学家就发明了防护氯气毒害的武器，他们给前线每个士兵发了一种特殊的口罩，这种口罩里有用硫代硫酸钠和碳酸钠溶液浸过的棉花。这两种药品都有除氯的功能，能起到防护的作用。

★　第一次世界大战中首次使用的毒气武器，让人们为之付出了惨重的代价，它所带来的杀伤力让英法联军瞬间几近瘫痪。

氯气是一种有毒气体，它主要通过呼吸道侵入人体并溶解在黏膜所含的水分里，生成次氯酸和盐酸，对上呼吸道黏膜造成有害的影响：次氯酸使组织受到强烈的氧化；盐酸刺激黏膜发生炎性肿胀，使呼吸道黏膜水肿，大量分泌黏液，造成呼吸困难，所以氯气中毒的明显症状是发生剧烈的咳嗽。症状重时，会发生肺水肿，使循环作用困难而致死亡。

可是，令人为难的是敌方并不老是使用氯气，如改用第二种毒气，这种口罩就无能为力了。事实也是如此，在使用氯气后还不到一年，双方已经用过几十种不同的化学毒气。

因此，必须找到一种能使任何毒气都会失去毒性的物质才好。

这种百灵的解毒剂在1915年末就被科学家找到了。它就是活性炭。

大家也许知道，把木材隔绝空气加强热可以得到木炭。木炭是一种多孔性物质，多孔性物质的表面积必然很大。物质的表面积越大，它吸附其他物质的分子也就越多，吸附作用也就越强烈。如果在制取木炭时不断地通入高温水蒸气，除去粘附在木炭表面的油质，使内部的无数管道通畅，那么木炭的表面积必然更大。经过这样加工的木炭，叫作活性炭。显然，活性炭比木炭有更强的吸附作用。

在1917年，交战双方的防毒面具里都已装上了活性炭。

奇怪，活性炭的眼睛为什么那么雪亮，能抓住毒气而放过氧气、氮气呢？原来活性炭的吸附作用同被吸附的气体的沸点有关。沸点越高的气体，活性炭对它的吸附量越大。军事上使用的大多数化学毒气的沸点都比氧气、氮气高得多。

请不要以为活性炭只用在防毒面具里，它还有许多其他用途。

在自来水工厂里，如果水源有臭味，只要让水流过活性炭后就不臭了。

防毒面具作为个人防护器材，用于对人员的呼吸器官，眼睛及面部皮肤提供有效防护。面具由面罩，导气管和滤毒罐组成，面罩可直接与滤毒罐连接使用，或者用导气管与滤毒罐连接使用。防毒面罩可以根据防护要求分别选用各种型号的滤毒罐，应用在化工、仓库、科研、各种有毒、有害的作业环境。

你也许会说自来水仍然有股味。这是氯的气味，因为自来水常用氯来消毒。

在制糖厂里，工人们往红糖水里加一些活性炭，经过搅拌和过滤，可以得到无色的糖液，再减压蒸发水分，红糖就变成晶莹的白糖了。

现代家庭的金鱼缸里，有不少装着电动水泵，让水循环通过滤清器。在滤清器里也用活性炭去吸附水中的臭味和杂质。

★ 应用了活性炭的防毒面具让人们成功地抵御了毒气的侵袭。在和平环境里，这种面具成为人们在特殊环境下开展作业的一道安全屏障。

白醋：清洁卫生显身手

提起白醋，人们会立刻将它与美味的菜肴联系起来，这或许也是多数人对于白醋的全部认识。其实白醋的本事远不止这些，因为它还是一个"清洁高手"。

★ 人们通常将白醋作为一种调味剂，其实它还具有很好的清洁功效。

家里的清洁工作似乎总也做不完，而且费了半天劲也没有达到窗明几净的效果。如果是这样，你该尝试一些轻松而有效的清洁方法和清洁用品了。白醋就是一种很值得推荐的清洁品，它不仅取材方便、价格便宜，而且清洁力强，最重要的是绝对环保健康。

清洗地板

用清水和白醋按照1∶1的比例调成溶液，就可以清洗硬木地板了，不仅普通污渍清除不在话下，即使是对付厨房地板上的油污也毫无问题。但需要注意的是，只能使用100%的纯棉厚绒布来擦洗，千万不能凑合用破布捆起来的墩布和微纤维做的墩布。它们可能在木地板上形成擦痕，破坏硬木地板的密封层。

大理石、瓷砖和花岗岩地板清洁起来更简单，用非常热的水清洗就可以擦得很干净，使用任何材料制成的墩布都可以清洗它们。

相关链接

白醋是醋的一种，除了3%～5%醋酸和水之外不含或极少含其他成分。以蒸馏过的酒发酵制成，或直接用食品级别的醋酸兑制。无色，味道单纯。用于烹调，特别是西餐中用来制作泡菜。也可用做家用清洁剂，例如清洗咖啡机内部的积垢。

清洁玻璃

1/3杯白醋、1勺洗衣粉、1/4杯酒精、1 000毫升清水，这种自制的清洗剂可以把玻璃擦洗得非常干净透亮。首先用海绵蘸着这种清洗剂把玻璃充分润湿，让清洗剂在上面停留5分钟。避免在阳光灿烂的日子擦玻璃，因为阳光会很快地使清洗剂蒸发掉，并形成条纹。用黑色橡胶滚轴把玻璃上的水吸干，否则会在玻璃上留下污垢。对于特别严重的污垢，可以用特大号的剃须刀刀片蘸着肥皂水刮掉。

消毒案板

一项科学研究发现，切菜案板上的细菌数量是马桶坐垫上细菌数量的200倍。在案板上倒满白醋，过一夜后用开水烫30秒钟，再用酒精消毒就可以了。

两个容易忽视的地方

室内的垃圾筒，特别是厨房和浴室中的垃圾筒，每日倾倒垃圾并不能彻底清洁它们，要经常用硬刷子蘸着化学清洗剂擦洗它们，然后再用稀释的白醋消消毒，确保细菌不会在里面繁殖生长。

·知识链接·

醋的美容作用：每天洗脸在温水中滴上几滴醋，然后把水扑到脸上，再开始用洗面奶洗脸，这样可以增加皮肤细胞的水分和营养，恢复皮肤的光泽和弹性，同时能够软化角质层和美白，并且具有杀菌功效。

★ 日常生活中，自己动手配置白醋清洗液，能够既方便又有效地实现居室清洁。

波尔多液：农业杀菌剂

小/档/案

本来是吓阻路人的无心之作，却意外成为了防治农业病害的"良药"，这就是波尔多液富有戏剧色彩的诞生过程。

1878年欧洲葡萄霜霉病大流行时，在法国的波尔多城发生了一件怪事。许多葡萄园里，霜霉病在猖狂地毁坏着葡萄。可是，独有一家葡萄园里靠近马路两旁的葡萄树，却安然无恙。这是怎么回事？原来，由于马路两边的葡萄，常常被一些贪吃的行人摘掉，园工们为了防止行人偷吃葡萄，就往这些树上喷了些石灰水，之后又喷些硫酸铜溶液。石灰是白的，硫酸铜是蓝色的，喷了以后，行人以为这些树害了病，便不敢再吃树上的葡萄了。本来是为了防止路人偷吃葡萄，可是没想到这些溶液喷洒之后，原本非常容易得霜霉病的葡萄树，竟然再也没有得过这种病。于是人们就猜测这一定是与树上的石灰和硫酸铜

★ 波尔多城以葡萄种植闻名，葡萄园也成为这个城市的象征符号。

相关链接

波尔多处于典型的地中海型气候区，夏季炎热干燥，冬天温和多雨，有着最适合葡萄生长的气候。常年阳光的眷顾，让波尔多形成了大片的葡萄庄园，葡萄酒更是享誉全世界。

大有关系。

人们根据这个线索钻研下去，经过几年的努力，终于在1885年制成了石灰和硫酸铜的混合液。在这种混合液里，石灰与硫酸铜起了化学反应，形成碱式硫酸铜，具有很强的杀菌能力，能够保护果树，使之不受病菌的侵害。由于这种混合液是在波尔多城发现的，并且从1885年就开始在波尔多城使用，所以被称为"波尔多液"。

现在，波尔多液成了农业上的一种重要杀菌剂，广泛地用来防治马铃薯晚疫病、梨黑星病、苹果褐斑病、

·知识链接·

用波尔多液防治苹果烂果病，可在往年出现病果前10～15天喷石灰倍量式或多量式波尔多液200倍液，每15～20天喷1次，连喷3～4次，采果前25天停用。防治苹果霉心病，应在苹果显蕾期开始喷石灰倍量式波尔多液200倍液。防治苹果、梨锈病，可在苹果园周围的桧柏上，喷洒石灰等量式波尔多液160倍液。

柑橘疮痂病、葡萄霜霉病、甜菜褐斑病、枣锈病等。

配制波尔多液的方法是：把0.5千克生石灰用少量水化开，并用25千克水冲稀，再把0.5斤硫酸铜用少量热水溶解，也用25千克水冲稀，然后把两者倒进另一个木桶中，边倒边搅，于是便制成了淡蓝色不透明的、并含有许多絮状沉淀物的波尔多液。波尔多液配好后，要当天用完。如果放置一两天再喷洒，便不易粘附在作物的叶子上，会减低杀菌效力。

波尔多液的杀菌效果虽然不错，制备也较简单，但是由于硫酸铜是炼铜的原料，而铜是重要的国防工业原料和电器原材料，因此它的使用受到一定的限制，近年来逐渐被其他杀菌剂所取代。

★ 意外发明的波尔多液有效地防治了果树的病害，让波尔多城的葡萄园从此变得更加郁郁葱葱，而波尔多城所生产的葡萄酒则更加香醇。

治病的泉水：锂的利用

在英国普利茅斯的乡下有一眼神奇的泉水，它曾经治好了许多奇怪的病人。有一个小伙子不知什么时候患了一种怪病，整天处于虚幻的想象之中，常常兴奋地说个不停手舞足蹈，狂笑不止，找遍了当地的医生都无济于事。最后他的父母听从一个外地商人的劝告，带着病态的儿子来到普利茅斯，找到神泉，连续喝了几十天的泉水，年轻人的病好了，异常的平静，再也不到处瞎胡闹了。于是神泉的名声逐渐地大了，这引来许多好奇的人的关注，其中包括一些化学家和药物学家。

后来，澳大利亚的精神病学家卡特发现，这些泉水里含有一种元素锂。锂的化合物，特别是碳酸锂，可以治疗某些精神病——癫狂症、精神压抑症。患有这种精神病的人过分兴奋和过分压抑交替发生，发病往往很突然。

在寻找癫狂症和精神压抑症病因的过程中，卡特发现，由于甲状腺的过分活化或者过分不活化，会引起这种精神失调症。他想，一种存在于尿中的物质可能是造成癫狂症和精神压抑症的主要原因。于是他将某些癫狂病人的尿的试样有控制地注射到几内亚猪的腹腔中去，猪果然中毒了。选用溶解度大的尿酸盐代替尿酸做实验，卡特意外地发现，注射尿酸锂溶液后，中毒概率大大下降。说明锂离子可以抵御尿酸产生的毒性。他进一步用碳酸

★ 富含锂的温泉，成为人们休闲疗养的最佳选择。

锂代替尿酸锂，试验有力地证明了锂盐具有治疗癫狂症和精神压抑症的作用。用大量的0.5%碳酸锂水溶液对几内亚猪进行注射后。经过两小时，猪变得毫无生气，感觉迟钝，再用其他药物才能使它恢复正常活力。

1948年，卡特开始把成果运用于临床。用碳酸锂治疗到他那儿来求医的精神病人。取得成功的典型例子是一位51岁的患者，他处在慢性癫狂式的兴奋状态足足5年了。他不肯休息。经常胡闹、捣乱，经常妨碍别人，因此成为长期被监护对象。经过3周的锂化合物疗治，他开始安定下来，继续服用两个月的锂药剂，就完全康复了，并且很快回到原来工作岗位。

这样，人类终于解开了那神奇的能治好"中邪"病人的泉水之谜。从1949年以来，锂盐帮助数10万计的癫狂症和精神压抑症病人从痛苦中解脱出来，制药厂开始大量制造碳酸锂。

今天，虽然锂的作用机理还有待进一步探讨，它惊人的治疗效果是得到公认的。精神病素以难治出名。而伟大的卡特仅用一种简单的无机化合物就解除了千千万万人的痛苦，这是化学史上、医学史上的一个奇迹！同时，我们也应该认识到对民间一些神秘的东西我们不应该一味地否定，斥之为迷信。我们应该对它加以科学的解释。不能解释的留给后人去探究，这才是科学的态度。

·知识链接·

锂的分布：锂号称"稀有金属"，其实它在地壳中的含量不算"稀有"，地壳中约有0.0065%的锂，其丰度居第二十七位。已知含锂的矿物有150多种，其中主要有锂辉石、锂云母、透锂长石等。海水中锂的含量不算少，总储量达2600亿吨，可惜浓度太小，提炼实在困难。某些矿泉水和植物机体里，含有丰富的锂。我国的锂矿资源丰富，以目前我国的锂盐产量计算，仅江西云母锂矿就可供开采上百年。

专题讲述

为生活增添营养与甜美的木糖醇

糖是人类生活中一项有着特殊意义的发现，它为人类带来了诸多甜美的感受。但是随着人们摄入糖的增加以及一些疾病对于糖的"忌讳"，一种既保留甜味与营养，同时又具备低热量的甜味剂成为人们的期待，于是木糖醇走进了人们的生活。

木糖醇是一种具有营养价值的甜味物质，也是人体糖类代谢的正常中间体。一个健康的人，即使不吃任何含有木糖醇的食物，每100毫克的血液中也含有0.03～0.06毫克的木糖醇。在自然界中，木糖醇广泛存在于各种水果、蔬菜中，但含量很低。商品木糖醇是用玉米芯、甘蔗渣等农业作物中，经过深加工而制得的，是一种天然健康的甜味剂。

木糖醇白色晶体，外表和蔗糖相似，是多元醇中最甜的甜味剂，味凉、甜度相当于蔗糖，热量相当于葡萄糖。是未来的甜味剂，是蔗糖和葡萄糖替代品。

木糖醇是白色晶体，外表和味觉都与蔗糖很像。从食品级来说，木糖醇有广义和狭义之分。广义为碳水化合物，狭义为多元醇。因为木糖醇仅仅能被缓慢吸收或部分被利用。热量低是它的一大特点：每克10焦耳，比其他的碳水化合物少40%。木糖醇从

★ 商场超市里可以买到的木糖醇，特别受到年轻人的喜爱。

★ 因为木糖醇既保留了食物的甜美口感，又不会引起血糖值升高，所以是糖尿病人的最爱。

20世纪60年代开始应用在食品中。在一些国家它是很受糖尿病人欢迎的一种甜味剂。在美国为了某些特殊目的可以作为食品添加剂，不受用量限制的加入食品中。

木糖醇是防龋齿的最好甜味剂，已在25年的时间内，不同情况下得到认证。木糖醇可以减少龋齿这一特性，在龋齿发生率高、营养低下、口腔卫生水平低等人群中均为适用。

以木糖醇为主要甜味剂的口香糖和糖果已经得到六个国家牙齿保健协会的正式认可。

木糖醇的功能

1.木糖醇做糖尿病人的甜味剂、营养补充剂和辅助治疗剂：木糖醇是人体糖类代谢的中间体，在体内缺少胰岛素影响糖代谢情况下，无需胰岛素促进，木糖醇也能透过细胞膜，被组织吸收利用，供细胞以营养和能量，且不会引起血糖值升高，消除糖尿病人服用后的多饮、多食、多尿症状，是最适合糖尿病患者食用的营养性的食糖代替品。

2.木糖醇改善肝功能：木糖醇能促进肝糖原合成，血糖不会上升，对肝病患者有改善肝功能和抗脂肪肝的作用，治疗乙型迁延性肝炎，乙型慢性肝炎及肝硬化有明显疗效，是肝炎并发症病人的理想辅助药物。

3.木糖醇的防龋齿功能：木糖醇的防龋齿特性在所有的甜味剂中效果最好，首先是木糖醇不能被口腔中产生龋齿的细菌发酵利用，抑制链球菌生长及酸的产生；其次它能促进唾液分泌，减缓pH值下降，减少了牙齿的酸蚀，防止龋齿和减少牙斑的产生，可以巩固牙齿。

4.木糖醇的减肥功能：木糖醇为人体提供能量，合成糖原，减少脂肪和肝组织中的蛋白质的消耗，使肝脏受到保护和修复，消除人体内有害酮体的产生，不会因食用而为发胖忧虑。可广泛用于食品、医药、轻工等领域。

木糖醇的应用范围

1.木糖醇在体内新陈代谢不需要胰岛素参与，又不使血糖值升高，并可消除糖尿病人多饮、多食、多尿等症状，因此是糖尿病人安全的甜味剂、营养补充剂和辅助治疗剂。

2.食用木糖醇不会引起龋齿，可以用于口香糖、巧克力、硬糖等食品的甜味剂。

3.由于其独特的功能，与其他糖类、醇类调和食用，可作为低糖食品的甜味剂。

4.木糖醇口感清凉，冰冻后效果更好，可用在爽心的冷饮、甜点、牛奶、咖啡等行业。也可使用在健康饮品、润喉药物、止咳糖浆等方面。

5.为了身体健康，可用于家庭做蔗糖的代用品，以防止蔗糖食用过多引起的糖尿病、肥胖症。

6.木糖醇是一种多元醇，可作为化妆品类如洗面乳、美容霜、化妆水等的湿润调整剂使用，对人体皮肤无刺激作用。

7.木糖醇具有吸湿性、防龋齿功能，并且液体木糖醇具有良好的甜味，所以可以代替甘油作烟丝、防龋齿牙膏、漱口剂的加香、防冻保湿剂等。

8.液体木糖醇可用在蓄电池极板制造上，性能稳定，容易操作，成本低，比甘油更佳。

★ 木糖醇的美味与健康价值获得了越来越多家庭的认可，于是更多的家庭愿意选择木糖醇来制作食品。

附录：人类化学发现大事记

1世纪至10世纪

2世纪时，中国东汉末已掌握制瓷的技术，品种主要是青瓷。

2世纪，中国西汉之后开始采用热处理法变白口铸铁为可锻铸铁。

2世纪，中国开始用树皮、破布、渔网等物来造纸，发明了造纸术。

2世纪，东汉末的《周易参同契》中记录了汞、铅、金、硫等的化学变化及性质。

3世纪，出现"点金术"，蒸馏、挥发，溶解等已成为熟悉的操作。

5世纪前后，中国南北朝的炼丹士已用炉甘石即碳酸锌矿石及铜炼得黄铜。

8世纪，中国造纸术传入西方；点金术获得发展，认为金属皆由硫及汞两元素组成；学会制硫酸、硝酸、王水、碱和氯化铵等，为溶解贵金属提供了溶剂；酒精已获应用。

9世纪，中国唐代的炼丹士发现火药，这是化学能转化为热能的重大发现。

10世纪左右，中国宋初发明了世界上最早的胆水(胆矾溶液)浸铜法，并用于生产铜。这是水法冶金技术的起源。

1000—1700年

13世纪，英国人认识到空气为燃烧所必需的物质。

1250年，德国学者以雄黄和皂制出化学元素砷。

1450年，德国化学家发现化学元素锑。

16世纪，比利时学者辨认出胃汁中有酸，胆汁中有碱，水玻璃中有矽石，发现碳酸气不助燃。

1603年，意大利人在炼金过程中，用重晶石(硫酸钡)制成白昼吸光、黑夜发光的无机发光材料，首次观察到磷光现象。

17世纪中叶，意大利学者把盐定义为酸和盐基结合的产物。

1661年，英国化学家波义耳发表《怀疑的化学家》，提出元素定义，"把化学确立为科学"，开始了化学分析。

1669年，德国化学家布兰德发现化学元素磷；德国学者提出燃素说的萌芽。

1670年，在英国开始用水槽法收集和研究气体，并把燃烧、呼吸和空气中的成分联系起来；法国人莱墨瑞首次提出区分植物化学与矿物化学，即后来的有机化学和无机化学。

1700—1800年

1703年，德国人将燃素说发展为系统学说，认为燃素存在于一切可燃物中，燃烧时燃素逸出，燃烧、还原、置换等化学反应是燃素作用的表现。

1718—1721年，法国学者乔弗洛伊对化学亲和力作了早期研究。

1735年，瑞典人布兰特发现化学元素钴。

1741年，英国人发现化学元素铂。

1742—1748年，俄国化学家首次论证化学变化中的物质质量的守恒。认识到金属燃烧后的增重，与空气中某种成分有关。

1746年，英国人采用铅室法制硫酸，开始了硫酸的工业生产。

1747年，德国人马格拉弗开始在化学中应用显微镜，从甜菜中首次提取到糖，并开始从焰色法区别钾和钠等元素。

1748年，法国学者诺莱特首次观察到溶液中的渗透压现象。

1753年，英国化学家发现化学元素铋。

1754年，瑞典学者发现化学元素镍。

1766年，英国化学家卡文迪许发现化学元素氢，通过氢、氧的火花放电而得水，通过氧、氮的火花放电而得硝酸。

1770年，瑞典学者改进了化学分析的方法，特别是吹管分析和湿法分析。

1771年，瑞典化学家发现化学元素氟。

1772年，英国化学家卢瑟福发现化学元素氮。

1774年，法国学者鲁埃尔再次提出盐的定义，认为盐是酸碱结合的产物，并进而区分酸式、碱式和中性盐。

1774年，瑞典化学家舍勒发现化学元素氧与氯；英国化学家普利斯特里发现化学元素氧，并对二氧化硫、氯化氢、氨等多种气体进行研究。

1777年，拉瓦锡提出燃烧的氧化学说，指出物质只能在含氧的空气中进行燃烧，燃烧物重量的增加与空气中失去的氧相等，从而推翻了全部的燃素说，并正式确立质量守恒原理。

1781年，瑞典化学家发现化学元素钼。

1782年，奥地利人发现化学元素碲。

1782—1787年，拉瓦锡开始根据化学组成编定化学名词，并开始用初步的化学方程式来说明化学反应的过程和它们的量的关系。

1783年，化学家拉瓦锡通过分解和合成定量证明水的成分只含氢和氧，对有机化合物开始了定量的元素分析；出版《关于燃素的回顾》，概括了他关于燃烧的氧化学说。

1785年，法国开始用氯制造漂白粉，并且投入生产，氯进入工业应用。

1789年，德国人克拉普罗兹发现化学元素锌、锆和铀的氧化物；法国化学家拉瓦锡出版《化学的元素》，对元素进行了分类，分为气、酸、金、土四大类，并将"热"和"光"列在无机界23种元素之中。

1791年，英国人格里高尔发现化学元素钛；德国人约·李希特提出酸碱中和定律，制定大量中和当量表。

1792年，意大利物理学家伏打发

表最早的金属电势次序表。

1794年，芬兰学者加多林发现化学元素钇。

1797年，法国人用氯化亚锡还原法发现化学元素铬。

1800年左右，德国人李特提出电池电位起因的化学假说。

1800年，意大利物理学家伏打发明第一个化学电源——伏打电堆；英国人威·尼科尔逊首次电解水为元素氢和氧。

1801—1899年

1801年，英国人发现化学元素铌。

1802年，瑞典人爱克伯格发现化学元素钽。

1803年，德国人克拉普罗兹、瑞典人希辛格以及柏齐力阿斯发现化学元素铈；英国人武拉斯顿发现化学元素钯和铑。

1804年，英国人发现化学元素铱和锇。

1805年，德国化学家格罗杜斯提出盐类在水溶液中分成带正负电荷的两部分，通电时正负部分相间排列，连续发生分解和结合，直至两电极，用以解释导电的现象，这是电离学说的萌芽。

1806年，法国人普鲁斯脱发现化合物分子的定组成定律，指出一个化合物的组成不因制备方法不同而改变。

1807年，英国化学家戴维发现化学元素钾和钠；英国化学家道尔顿发现倍比定律以及分压定律、提出原子论。

1808年，英国化学家戴维发现化学元素钙、锶、钡、镁；法国化学家盖·吕萨克、泰那尔德以及英国化学家戴维发现化学元素硼。

1808—1810年，戴维通过磷和氯的作用，确证氯是一个纯元素，盐酸中不含氧，推翻了拉瓦锡凡酸必含氧的学说，代之以酸中必含氢。

1808—1827年，英国化学家道尔顿的《化学哲学的新系统》出版，本书总结了作者的原子论。

1809年，美国人首次获得高温氢氧喷焰，用于熔融铂等难熔物质。

1811年，法国人库尔特瓦发现化学元素碘。

1812年，美国人古塞里发明不需用火引发的碰炸化合物，被用于军事。

1815年，英国人普劳特提出一切元素皆由氢原子构成的假说，又称普劳特假说；法国人比奥首次发现酒石酸、樟脑、糖等溶液具有旋光现象；英国人法拉第从石脑油中首次分得苯，开始了对苯系物质的研究。

1817年，德国学者斯特罗迈厄发现化学元素镉；瑞典人阿尔费特逊发现化学元素锂；法国佩莱梯分离出叶绿素。

1818年，瑞典柏齐力阿斯发现化学元素硒。

1819年，德国米修里发现不同物质形成明显相同结晶的现象以及多晶型现象，即同样物质能够形成不同结晶的现象。

1820年，法国佩莱梯分离出对人体有强烈生理作用的士的宁、金鸡纳碱、奎宁等重要生物碱，被用于医药。

1822—1823年，德国的维勒和李比希分别制得化学组成相同而性质不同的异氰酸银及雷酸银；法国佩恩将木炭作为脱色吸附剂应用于精制甜菜糖，后在战争中用作防毒吸附剂。

1823年，瑞典人柏齐力阿斯最先制得化学元素硅；布拉康纳特制成棉花火药；法国人柴弗洛尔首次提出正确的油脂皂化理论。

1824年，法国化学家吕萨克提出容量滴定的分析方法。

1825年，英国化学家戴维提出用

铜做船底，通过加入锌片以防止船底腐蚀的方法，这是金属电化防腐的萌芽。

1826年，法国人巴拉发现化学元素溴。

1827年，德国人维勒首次提炼出纯铝。

1828年，瑞典柏齐力阿斯发现化学元素钍。

1829年，德国多培赖纳提出化学元素的三元素组分类法；法国人盖·吕萨克将淀粉转化为葡萄糖。

1830年，瑞典塞夫斯脱隆发现化学元素钒，并发现铁中含钒、铀、铬等元素后，可改善铁的性质，开始了合金钢的研究。

1831年，英国化学家配·菲利普斯首先应用接触法制造硫酸。

1833年，英国化学家法拉第提出电化当量定律，开始应用阳极、阴极、电解质、离子等名词，揭示了物质的电的本质；法拉第提出固体表面吸附是加速化学反应的原因，这是催化作用研究的萌芽。

1834年，法国佩恩从所有木材中都提取到具有淀粉组成的物质，称为纤维素。

1835年，瑞典柏齐力阿斯提出化学反应中的催化和催化剂概念，证实催化现象在化学反应中是非常普遍的。

1836年，英国人丹尼尔改善铜锌电池，这是第一个可供实用的电流源，克服了伏打电池电流迅速下降的缺点。

1837年，法国劳伦脱提出有机结构的核心学说；德国李比希分析植物的灰分中含钾、磷酸盐等，认为这些成分来自土壤，从而确定恢复土壤肥力的施肥化学原理。

1839年，英国沃·米勒采用整数指数标记晶格的各组原子平面，即为米勒指数；美国人古德伊尔研究生成橡胶的硫化反应，为橡胶工业奠定技术基础；瑞典人莫桑得尔发现化学元素镧。

1840年，法国化学家杜马提出有机结构的类型学说；俄国盖斯提出化学反应的热效应恒定定律；瑞士籍德国人桑拜恩在电解时，发现臭氧。

1841年，德国佩利戈特提得纯铀；德国化学家本生开始使用锌碳电池。

1843年，瑞典莫桑得尔发现化学元素铒和铽；德国人柯普认识到含碳长链同系物因链长变化而引起物理性质渐变的规律。

1844年，俄国人克劳斯发现化学

元素钌。

1846年，法国化学家劳伦特等从化学当量与气体密度的测定，证实氧、氮、氢分子必定由两个原子组成。

1847年，意大利人索勃莱洛发明烈性炸药硝酸甘油。

1848年，法国学者布雷维斯提出晶体结构的14种空间点阵的理论。

1848—1855年，法国人巴斯德首次将外消旋的酒石酸分离为左旋和右旋两种，开始用机械的、生物学的、化学的三种方法来分离葡萄酸中的两种异性体。

1848—1849年，法国人沃尔茨、德国人奥·霍夫曼发现脂肪伯胺、仲胺、叔胺，其性质类似于氨，并从而证明氨的最简化学式。

1849年，英国人弗兰克兰特制得第一个金属有机化合物，是后来提出原子价概念的实验基础之一。

1850—1852年，德国化学家佩坦柯费、法国化学家杜马提出元素分类的公差说。

1851年，法国拜特洛用甘油和脂肪酸合成油脂，发现酵母可转化糖为醇。

1852年，德国比尔证明朗伯特光吸收定律也适用于溶液，并指出光吸收与浓度的关系，为比色分析法奠定基础。

1853年，英国弗兰克兰特认识到一个元素原子能和另一个元素原子化合的原子数目是一定的，这是初步的原子价概念，是经典价键理论的开端。

1854年，德国化学家本生研究了氢加氯形成氯化氢的光化反应，发现氯化氢的生成正比于光强与曝光的时间以及被吸收的光正比于化学变化的光化吸收定律，并注意到光化学的诱导效应。

1856年，英国人珀金从煤焦油中获得第一个人造染料——苯胺紫，从此煤焦油工业逐步形成。

1857年，德国化学家凯库勒提出混合状式说，证明沼气是甲烷。

1858年，英国人古柏、德国人凯库勒确定碳原子为四价，并提出碳—碳可以自行相连成碳链，碳链学说成为有机结构理论的开端。

1859年，德国化学家本生、基尔霍夫提出每一化学元素具有特征光谱线，为元素发射光谱分析奠定基础。

1859—1861年，德国化学家本生、基尔霍夫利用分光镜发现化学元素铷和铯；英国人克鲁克斯发现化学元素铊；比利时索尔维提出制造纯碱的氨碱法。

1863年，德国人赖赫、希·李希特发现化学元素铟；德国人格里斯制得第一个偶氮染料。

1864年，英国纽兰兹提出化学元素的八音律分类法。指出按原子量递增顺序排列，第八个元素重复第一个元素的性质。

1865年，德国派克儿人工合成第一个热塑性塑料赛璐珞。

1866年，德国人本生设计了本生灯，利用灯焰的不同部分来鉴定许多矿物的组分。

1867年，德国凯库勒提出苯的环状结构及摇摆式的假说；瑞典诺贝尔发明安全的烈性炸药——三硝基甘油和硅藻土的混合物。

1868年，英国珀金从煤焦油中首次人工合成香料——香豆素。

1869年，俄国化学家门捷列夫提出化学元素周期律，并预见了周期表中空位元素的存在和性质；德国格雷贝、利伯曼从煤焦油人工合成第一个天然染料——茜素；德国尤·迈耶尔从原子体积和原子量的关系说明化学元素的物理性质的周期性规律；德国人霍斯特曼应用卡诺原理建立最大功与反应热之间的关系，首次把热力学用于化学。

1870年，法国拜特洛从乙炔、乙醇、乙酸等简单物质通过热管首次制得苯、苯酚、萘等，在实验室人工合成这类物质，具有重要意义。

1871年，德国霍普·赛勒发现转化酶，转化蔗糖为两个单糖：葡萄糖和果糖，并发现卵磷脂。

1874年，荷兰范霍夫、法国勒贝尔提出碳原子价键的空间结构学说，由于碳的四个价键上取代基不同，导致了光学异构体，并预计了异构体的数目，也指出双键的存在将引起顺反异构，这是立体化学的开端。

1875年，法国人布瓦斯培德朗发现化学元素镓；德国人文克勒用铂石棉催化制造硫酸，为硫酸接触法的工业化奠定技术基础。俄国人马尔柯夫尼可夫发现有机反应中烯烃和含氢化合物的加成定向法则。

1877年，俄国人布特列洛夫发现异双丁烯具有两种结构形式的反应，开始认识到互变异构现象的存在。

1878年，瑞士化学家马利纳克发现化学元素镱。

1879年，法国布瓦培德朗发现化学元素钐；瑞典拉·尼尔逊发现化学元素钪；瑞典克利夫发现化学元素铥和钬。

1880年，瑞士马利纳克发现化学

元素钆。

1881年，荷兰范德瓦尔提出实在气体的状态方程式。

1882年，德国约·拜耳首次人工合成靛蓝。

1883年，英国哈德费尔德制得锰钢，经淬火变得超硬，用于粉碎岩石、金属切削及钢轨，正式引入"合金钢"一词。

1885年，奥地利化学家威斯巴克发现化学元素钕和镨。

1885—1890年，俄国人弗德洛夫完成晶体构造的几何理论，奠定了经典结晶化学的基础；德国赫姆霍尔茨发现电位与汞的表面张力成正比，得出迅速的滴汞与电解质不显示电位差，后被用作滴汞电位计。

1886年，美国人查·霍尔、法国人赫洛特通过冰晶石降低氧化铝熔点的方法电解制铝，制铝发展为工业；法国布瓦斯培德朗发现化学元素镝；德国文克勒发现化学元素锗；德国莱登伯格首次人工合成生物碱——毒芹碱。

1887年，美籍德国人弗雷许发明用金属氧化物从石油中除硫精制汽油的方法。

1888年，德国奥斯特瓦尔德提出弱酸的稀释定律。

1891—1893年，德国阿·维尔纳提出分子结构的配位学说，是无机化学和络合物化学结构理论的开端。

1892年，法国化学家莫伊桑发明高于$3\,500\,℃$的高温反射电炉；荷兰朱利叶斯发现含烃基的有机物具有相同的红外辐射光谱，这是红外辐射光谱用于分子结构分析的开始。

1894年，英国威·雷姆赛、瑞利发现化学元素氩，认为它是属于周期表中最后的一族惰性元素族中的一个元素，预言了其他惰性元素的存在。

1895年，英国人威·雷姆赛发现化学元素氦。

1897—1900年，法国化学家萨巴梯尔用还原镍粉催化乙炔及苯的加氢反应，是有机氢化催化工业的开端。

1897—1899年，德国人能斯脱建议用氢铂电极作为标准零电位电极，用汞—氯化亚汞电极作为方便的参考电极。

1898年，英国化学家威·雷姆赛、特拉弗斯发现化学元素氖、氪和氙；法国化学家比·居里，法籍波兰人玛丽·居里发现放射性化学元素钋和镭，并发现钍也有放射性。

1899年，法国化学家德比尔纳发现化学元素锕。

1900——1960年

1900年，美籍俄国科学家冈伯格，从分子量测定首次发现自由基三苯甲烷，自由基是电子出于激发状态的分子或分子碎片，具有自由价，化学性活泼；德国科学家多恩，证明镭射气是一种新的惰性气体——氡。

1901年，德国科学家奥斯特瓦尔德提出催化剂是改变化学反应速度的物质，并指明催化剂在理论和实践中的重要性；法国科学界德马尔塞发现63号化学元素铕。

1902年，英国科学家泡帕制得氮、硫、硒、锌等化合物的光学异构体，后也获得不包含不对称原子的、因空间位阻而造成的旋光异构体。

1903年，法国科学家比·居里、英国科学家威·雷姆赛等观察到镭盐水液有气泡逸出，索迪等证实这是辐射引起的水分解，产生了氢气和氧气，这是辐射化学研究的开端。

1904年，日本科学家高峰让吉，首次人工合成激素——肾上腺素；英国科学家哈顿，分解得到非蛋白质小分子"辅酶"。

1905年，美国科学家玻特伍德指出铀衰变的最终产物是铅；德国科学家奥斯特瓦尔德提出胶体是物质多分散聚集状态的观点，把胶体化学发展为表面化学。

1906年，英国科学家巴拉克发现化学元素的特征 X 辐射；美国科学家波特伍德第一次发现同位素；俄国科学家兹维特发明层析分析法。

1907年，德国科学家艾·费歇证明蛋白质是由简单的氨基酸相连而成，首次人工合成由十八个氨基酸组成的多肽；法国科学家乌斑和德国科学家威斯巴克各自独立发现化学元素镥。

1909年，丹麦科学家塞雷森和德国科学家哈伯引入pH表示酸度；俄国科学家谢·列别捷夫，首次人工合成橡胶；德国科学家奥斯特瓦尔德发明硝酸的工业制法——氨氧化法。

1911年，以色列、英籍俄国人维茨曼发现用特种细菌可以合成丙酮、丁醇等化合物，这是微生物合成的早期工作，以后被用到合成盘尼西林、维生素B12等。

1912，德国人冯·劳厄等发现硫化锌晶体X射线衍射，证明了X射线的波性，促进了近代结晶化学的发展。

1911——1913年，奥地利化学家普雷格尔确立了有机物的元素碳、氢、硫、氮、磷等几毫克的微量元素分析法。

1913年，英国人摩斯莱从X光谱发现原子序数定律，是周期律的一个重要进展，从而开始建立了X射线光谱学。

1913—1918年，美国人麦克可仑发现存在于脂肪中的维生素，从此维生素分为脂溶性和水溶性两大类。

1915—1917年，德国化学家哈伯，英国化学家泡帕分别制备战争用毒气，如氯气、光气、芥子气等。

1916年，美国人兰米尔通过对带极性基团烷基同系物表面能的测量，提出表面膜的分子定向说；日本本多光太郎发现加钴的钨钢具有强磁性，开始了新型磁合金的研究，后制得铅镍钴磁钢。

1917年，德国化学家哈恩、迈特纳以及英国化学家索迪等发现化学元素镤。

1919年，美国美孚石油公司和碳化物碳化学公司从石油裂化气制造异丙醇，是石油化学利用的开端；英国人西奇维克将共用电子的观念推广到配位化合物，指出配位键的两个电子可以来自同一个原子。

1920年，德国人斯托丁格提出高分子长链的概念，认为淀粉和纤维由葡萄糖失水，蛋白质由氨基酸失水缩聚而成，打破长期以来把高分子看成由许多小分子缔合成胶束的观点，促进高分子化学的建立。

1918—1920年，美国人莱悌默提出氢键的概念，认为氢键是一种较弱的"键"，用以解释水等物质的性质。

1921—1923年，丹麦人勃朗斯台特提出共轭酸碱的理论。

1922年，丹麦勃朗斯台特提出所有催化过程形成临界络合物，由络合物的形成和分解决定反应的速度，并推得反应方程式。

1923年，瑞典籍德国人欧拉·钱儿宾以及英国人哈顿首次确定辅酶的结构，认识到维生素及铜、钴、镁、钼等人体所需的微量金属都是辅酶的部分；丹麦籍匈牙利人赫维赛，德国人考斯特儿用X光分析法，发现化学元素铪。

1924年，丹麦人尼·波尔、美国人梅因史密司、英国人斯通纳提出原子结构与元素周期律的关系，使周期律的解释建立在原子结构的基础上；英国鲁滨逊确定罂粟碱、尼古丁等重要生物碱的结构。

1925年，英国化学家鲁滨逊确定吗啡的结构式；德国依·诺台克、瓦·诺台克发现化学元素铼，属周期系中最后一个稳定元素，以后发现的均为放射性元素。

1910—1926年，英国人霍沃斯确定糖类具有五环糖和六环糖两种基本结构。

1927年，荷兰人德拜、美国人盎萨格提出电解质溶液的电导理论；英国阿姆斯特朗用原电池过程来解释金属的多相催化反应。

1928年，德国人弗·伦顿、海特勒提出氢分子结构的量子力学的近似处理法，首次把量子力学应用于化学。

1926—1928年，美国人马利肯、德国人洪德分别对分子中的电子状态按原子轨道进行分类，并初步得出选择分子中电子量子数的规律。

1928—1939年，德国人阿德儿、迪尔斯发明二烯合成反应；美国人卡罗瑟、美籍比利时人诺威兰德人工合成氯丁橡胶，是最早广泛实用的橡胶，在战争中开始大量代替天然胶。

1929年，美国人多伊赛分离得两种维生素K，并确定其结构；美籍德国人贝蒂提出晶体场理论，认为在离子晶体中，由于周围离子形成的晶体电场，引起中心离子电子轨道的变化，导致晶体的稳定。

1921—1929年，德国人汉·费歇逐渐确定正铁血红素的结构是由四个吡咯环所组成的复杂分子。

1909—1929年，美籍俄国人勒温发现核糖存在于某些核酸中，发现脱氧核糖，认识到核酸就分为核糖核酸和脱氧核糖核酸这两类；美国吉奥寇发现天然氧是氧的三种同位素的混合物。

1930年，美国人卡罗瑟通过大量二元酸与二元胺的缩合，合成高分子纤维丝，而证实高分子长链的结构理论。

1930—1932年，德国化学家多麦克发现偶氮磺胺化合物百浪多息的抗菌性；美国化学家阿立生、麦非发现化学元素钫；德国化学家汉·费歇确定全部叶绿素的结构；美国人米吉莱制得二氟二氯甲烷。

1931年，美国化学家鲍林提出分子结构的共振理论；美国化学家卡罗瑟首次实现全人工合成的纤维，称为尼龙，人工合成纤维从此开始。

1932年，德国化学家库·迈耶尔、苏西奇提出高分子高弹行为(即橡胶弹性)的分子运动理论。

1931—1932年，美国化学家尤里发现重氢——氘。

1932—1935年，德国化学家佩尔泽、美国化学家艾林应用阿累尼乌斯的活化络合物概念，提出绝反应速度理论。

1932—1935年，德国人布坦能脱，瑞士籍南斯拉夫人拉齐卡确定了多种雌、雄激素的结构，并进行了部分合成。

1933年，英国化学家霍沃思人工合成维生素C。

1933—1939年，苏联人弗鲁姆金、日本人堀内寿郎、美国人艾林分别提出不同的电化学动力学的假说。

1931—1933年，美国人斯卡查、海儿德勃朗发展了完全无规混合的正则溶液理论；美国化学家吉·路易斯制得重水，后用作反应堆的减速剂。

1934年，德国人维·库恩提出高分子长链的统计理论；美籍匈牙利人西拉德等发现核反冲的化学效应；法国居里夫妇发现人工放射性，是制备人工放射元素的开始。

1935年，英国人比·亚当斯、伊·霍尔姆斯人工合成第一个离子交换树脂；美籍加拿大人丹姆斯特用质谱仪发现铀的重要同位素铀235。

1930—1935年，美国人诺塞洛泼陆续得到结晶的胃朊酶、胰朊酶、胰凝乳朊酶，都证明是蛋白质；瑞士人卡勒，德籍奥地利人柯恩人工合成维生素B2；德国人温道斯确定维生素D的结构。

1936年，美籍德国人欧·缪勒发明场发射电子显微镜；美国化学家艾林首次用固体晶胞的模型来描述液体，后发展为液体的晶胞理论。

1937年，美籍意大利人埃·塞格勒、美国人佩里埃首次人工合成元素周期表中空位的元素——43号的锝；瑞士化学家卡勒确定三种维生素E的结构，于1938年合成；美籍加拿大人海勒发展放大7 000倍的可供科学研究的电子显微镜，人类的视野开始进入病毒和蛋白质的世界；美国人爱尔维杰明确维生素参与辅酶部分而发挥生化功能。

1938年，美国杜邦公司发现聚四氟乙烯，开始了含氟聚合物的研究；德国化学家施拉德发现一些简单的磷酸酯对温血动物具有剧毒及强烈的杀虫作用；德籍奥地利人柯恩首次分离得到纯净的维生素B2。

1939年，美国化学家菲泽人工合成维生素K。

1939—1942年，中国侯德榜等提出联合制碱新法；苏联化学家柯勒谢夫提出多相催化的活性集团假说。

1899—1939年，英国人刻宾、苏联人安德利扬诺夫分别对非碳四面体元素硅有机物的研究，制得含硅高聚物。

1935—1939年，瑞士人保·缪勒试用在1873年合成的二氯二苯基三氯乙烷于治虫，1942年工业生产。

1940年，美国人西博格、艾贝尔森、麦克米伦分别制备了93号镎、94号钚；美籍意大利人埃·塞格勒人工合成元素周期表中另一空位元素85号的砹；美国人艾贝尔森提出用六氟化铀，通过热扩散法分离富集铀235；美国尤里以气体扩散法从铀238中分离铀235。

1909—1940年，德国化学家斯托克对有机硼化合物进行研究，在高能燃料，耐辐射材料等方面开始获得实际应用。

1942年，美国化学家斯佩丁应用离子树脂交换法分离得到纯铀二吨，用于制备第一颗原子弹。

1942—1950年，辐射化学逐步发展成为一门科学。

1942—1951年，美国人弗洛里等提出高分子溶液的晶格模型理论，并由此推出高分子稀溶液黏度的近似公式。

1943年，英籍奥地利人弗洛利提取得到纯青霉素，被用于医药。

1943—1950年，美籍俄国人瓦克斯曼提取得到纯链霉素、金霉素、四环素等，开始统称之为抗生素。

1944年，美国西博格、乔梭制得95号超铀元素镅以及96号超铀元素锔；美国化学家伍德沃德人工合成奎宁。

1945年，苏联人柴伏依斯基发现电子顺磁共振现象，是研究自由基等的重要途径。

1934—1945年，英国化学家杰·罗伯森用X光结构分析法，确定了碳碳单键，双键、叁键、共轭键以及氢键的键长。

1946年，美国化学家伍德沃德，英国化学家鲁滨逊确定士的宁的结构；美国人李比证实宇宙射线导致的氚，也存在于大气与水中。

1947年，美国化学家马林斯基、格兰顿能发现化学元素钷。

1948年，英国人埃利，苏联人伏尔坦扬分别发现酞菁类有机染料具有半导体性质，开始了有机半导体的研究。

1950年，美国人蒂尔等发展籽晶熔体引退法拉制元素半导体单晶锗；美国人西博格、乔梭用粒子轰击镅和锔制得97号、98号超铀元素锫和锎。

1951年，英国人基利、波森人工合成新型结构的化合物——二茂铁，促进了对这类化合物特殊化学键的研究；美籍德国人欧·缪勒发明场发射离子显微镜，第一次照出金属面上的个别原子。

1952年，美国人浦凡，用无坩埚区域熔融法提纯元素半导体单晶硅；德国人威尔刻发现锑化铟化合物具有半导体性质；美国化学家盖兹人工合成吗啡；美国化学家振特森、穆赖用微生物促成甾体氧化物，解决了人工合成可的松、激素等的困难。

1953年，英籍奥地利人佩鲁茨引入重原子如金、汞等到蛋白质中，用X射线法确定血红蛋白质的立体结构，这是确定复杂分子结构的新进展。

1953—1954年，美国化学家杜维格尼奥德确定脑叶催产素中八个氨基酸排列的次序，并进行合成，这是第一个合成的蛋白质激素。

1950—1953年，美国化学家乔梭用碳和氮轰击锋和铀，制得99号超铀元素锿；用中子轰击钚制得100号超铀元素镄。

1954年，美国化学家多林、埃·霍夫曼确定活泼的"二价"碳化合物作为中间体而存在，用以阐明了有关化学反应的机理；美国联合碳化物公司正式生产泡沸石，即俗称分子筛；苏联化学家谢苗诺夫提出多相催化的链反应理论。

1955—1962年，比利时化学家普里皋金从理论上探讨可以存在非阻尼振荡的化学反应，后即发现大量的生物学振荡反应和温度、浓度、电化学的化学振荡反应。

1953—1955年，美国西博格用粒子轰击锿制得101号超铀元素钔。

1953—1961年，英国人桑格首次确定蛋白质(牛胰岛素)的分子氨基酸顺序结构；英国化学家托德确定核苷酸结构与合成低分子核苷酸；英国化学家霍琪金确定维生素B_{12}的分子结构。

1956年，美籍中国人李樵豪确定垂体后叶激素中的肾上腺皮质激素分子中氨基酸顺序，证实人类生长激素的氨基酸组成。

1957年，德国化学家依·费歇、美国化学家梯尔、凯勒分别获得高分子单晶，提出褶叠链的片晶是高分子晶体的基本结构。

1958年，英籍奥地利人弗洛利人工合成取代基不同的多种青霉素类似物，用于医药；美国人西博格、苏联人弗略罗夫分别制得102号超铀元素锘、103号元素铹。

1959年，苏联人别洛索夫发现丙二酸在铈或铁或锰催化溴化时的化学振荡反应。

1960年，美国化学家卡茨等从1960年开始，利用等离子体工业生产一氧化氮、乙炔，氰化氢、联氨等；英国人肯德鲁、英籍奥地利人佩鲁茨证实球状蛋白如肌红朊和纤维状蛋白相同也具有一级螺旋结构。

【青少科普馆·化学发现之旅】

◎ 出版策划　騰書堂文化

◎ 责任编辑　郑　尧　陈敦和

◎ 封面设计　泽　雨

◎ 图片提供　全景视觉

　　　　　　上海微图

　　　　　　图为媒